“十三五”国家重点出版物出版规划项目

集成电路设计丛书

微传感器与接口集成电路设计

王高峰　程瑜华　吴丽翔　著

科学出版社
龍門書局

北京

内 容 简 介

本书系统介绍了微传感器及其接口集成电路的设计。首先，以热对流式加速度计、电容式加速度计、微机械陀螺仪、电容式麦克风、压电式超声换能器等常见微传感器为例，介绍了微传感器的基本工作原理以及国内外研究现状。然后，介绍了将传感物理量转换为电信号的读出电路，将所获得的电信号进行放大、去噪、滤波等处理的信号调理电路，将模拟信号转换成数字信号的模数转换电路，以及新型传感器的自供能技术和电路等。最后还介绍了微传感器及其接口集成电路的新型封装技术。

本书适合作为电子等相关专业高年级本科生和研究生的教材，也可作为微传感器和集成电路设计研究人员的参考书。

图书在版编目（CIP）数据

微传感器与接口集成电路设计 / 王高峰，程瑜华，吴丽翔著. —北京：龙门书局，2020.3

(集成电路设计丛书)

“十三五”国家重点出版物出版规划项目 国家出版基金项目

ISBN 978-7-5088-5698-8

Ⅰ. ①微… Ⅱ. ①王… ②程… ③吴… Ⅲ. ①微型－传感器－集成电路－电路设计 Ⅳ. ①TN402

中国版本图书馆 CIP 数据核字（2019）第 291602 号

责任编辑：赵艳春 / 责任校对：王萌萌

责任印制：赵 博 / 封面设计：迷底书装

科 学 出 版 社
龍 門 書 局 出版

北京东黄城根北街 16 号

邮政编码：100717

http://www.sciencep.com

涿州市般润文化传播有限公司印刷

科学出版社发行 各地新华书店经销

*

2020 年 3 月第 一 版 开本：720×1000 1/16

2024 年 6 月第三次印刷 印张：8 1/2

字数：160 000

定价：98.00 元

（如有印装质量问题，我社负责调换）

《集成电路设计丛书》编委会

序

集成电路无疑是近 60 年来世界高新技术的最典型代表，它的产生、进步和发展无疑高度凝聚了人类的智慧结晶。集成电路产业是信息技术产业的核心，是支撑经济社会发展和保障国家安全的战略性、基础性和先导性产业，也是我国的战略性必争产业。当前和今后一段时期，我国的集成电路产业面临重要的发展机遇期，也是技术攻坚期。总体上讲，集成电路包括设计、制造、封装测试、材料等四大产业集群，其中集成电路设计是集成电路产业知识密集的体现，也是直接面向市场的核心和制高点。

“关键核心技术是要不来、买不来、讨不来的”，这是习近平总书记在 2018 年全国两院院士大会上的重要论述，这一论述对我国的集成电路技术和产业尤为重要。正是由于集成电路是电子信息产业的基石和现代工业的粮食，对国家安全和工业安全具有决定性的作用，我们必须、也只能立足于自主创新。

为落实国家集成电路产业发展推进纲要，加快推进我国集成电路设计技术和产业发展，多位院士和专家学者共同策划了这套《集成电路设计丛书》。这套丛书针对集成电路设计领域的关键和核心技术，在总结近年来我国集成电路设计领域主要成果的基础上，重点论述该领域的基础理论和关键技术，给出集成电路设计领域进一步的发展趋势。

值得指出的是，这套丛书是我国中青年学者近年来学术成就和技术攻关成果的总结，体现集成电路设计技术和应用研究的结合，感谢他们为大家介绍总结国内外集成电路设计领域的最新进展，每本书内容丰富，信息量很大。丛书内容包含了先进的微处理器、系统芯片与可重构计算、半导体存储器、混合信号集成电路、射频集成电路、集成电路设计自动化、功率集成电路、毫米波及太赫兹集成电路、硅基光电片上网络等方面的研究工作和研究进展。本丛书旨在使读者进一步了解该领域的研究成果和经验，吸引和引导更多的年轻学者和科研工作者积极投入到集成电路设计这项既具有挑战又有吸引力的事业中来，为我国集成电路设计产业发展做出贡献。

感谢撰写丛书的各领域专家学者。愿这套丛书能成为广大读者，尤其是科研工作者、青年学者和研究生十分有用的参考书，使大家能够进一步明确发展方向和目标，为开展集成电路的创新研究和工程应用奠定重要基础。同时，希望这套丛书也能为我国集成电路设计领域的专家学者提供一个展示研究成果的交流平台，进一步促进和推动我国集成电路设计领域的教学、科研和产业的深入发展。

郝跃

2018 年 6 月 8 日

前　言

传感器技术是一项发展迅猛的高新技术，也是当代科学技术发展的一个重要标志，被称为现代信息技术的三大支柱(传感器技术、计算机技术、通信技术)之一。同时，微电子技术及其产业的高速发展，带动了微传感器技术的兴起，微机械加工技术和装备不仅支持了电子产业的发展，而且对微机械的诞生和发展起到了决定性的作用。微传感器就是采用微电子和微机械加工技术制造出来的新型传感器。与传统的传感器相比，微传感器具有体积小、重量轻、成本低、功耗低、可靠性高、适于批量化生产、易于集成和实现智能化等特点。对微传感器获取的信号进行准确的提取及处理是决定其传感系统性能和可靠性的关键因素，微传感器接口电路处于传感系统的前端，它在传感系统中处于首要地位。

本书共 6 章，主要介绍一些典型的微传感器接口集成电路，着重讨论课题组近年来研究过的一些微传感器及其接口集成电路。第 1 章概述微传感器一些典型的应用场景以及微传感器接口集成电路的主要组成部分及其功能。第 2 章介绍五种基于微机电系统(microelectromechanical system，MEMS)的传感器，包括热对流式加速度计、电容式加速度计、微机械陀螺仪、电容式麦克风、压电式超声换能器等，并重点分析其基本工作原理以及国内外研究现状。从传感方式来看，微传感器的种类非常多，很难一一枚举。而从传感器接口来看，这五种典型微传感器所涉及的接口电路可以满足大多数微传感器的使用需求。微传感器从外界获取、感知到声、光、电、温度等各种形式的物理量后，经过信号读出电路将其转化成电压或者电流信号。针对上述五种典型微传感器，第 3 章主要介绍相关的将传感物理量转换为电信号的读出电路。由读出电路输出的电信号通常夹杂着很多不需要或者不希望检测到的信号(如噪声、工频干扰等)。从读出电路获得的信号需要进行进一步信号调理，得到相应的“干净”的信号。因此，第 4 章主要介绍用于微传感器的常见信号调理电路，包括去除信号噪声和失调的信号放大电路和滤波电路。随着传感器微型化、智能化的发展，很多时候还需要将获得的模拟信号转换成数字信号，再将其交给微处理器进行下一步处理。因此，在该章的 4.3 节介绍模数转换电路。

在许多应用场合，如在人体中植入的微传感器，采用有线供电方式会带来感染的风险从而无法长期使用，采用电池供电方式不仅极大地增加了器件体积，而且更换电池还可能会带来二次损伤和巨大的经济代价。能量采集(energy harvesting)技术是一种解决微传感器能量供应的可行方法，它从环境中采集光能、热能、电磁能、振动能等为传感器供电。但是这种技术的可靠性和稳定性严重依赖于环境，不一定能满足传感器的功耗要求。无线能量传输(wireless power transfer)技术是一种替代能量采集技术的方式，它利用无线的方式主动给传感器提供足够的能量。因此，第 5 章主要介绍现有能量采集和无线能量传输技术及其电路设计。

作为集成电路和微传感器产业中不可或缺的后道工序，微电子器件封装正扮演着越来越重要的角色，关系到器件、系统之间的有效连接，以及微电子产品的质量和竞争力。因此，第 6 章重点介绍微传感器及其接口集成电路的封装技术。

感谢参与相关课题研究的合作者和研究生，正是因为他们的技术见解和辛勤工作，本书许多部分得以更为出色。此外，为增强联系性、逻辑性和可读性，在撰写本书过程中引用了多位同行的研究工作，感谢他们对行业发展做出的卓越贡献。

由于作者水平有限，书中难免存在不足之处，敬请广大读者和同仁批评指正。

作　者

2019 年 8 月

目　录

第 1 章　绪　　论

大自然是个充满奇妙的传感世界。人类和许多动物都有视觉、听觉、嗅觉、味觉和触觉等五种感官(图 1.1)，并通过光学传感(视觉)、声学传感(听觉)、化学传感(嗅觉)和力学传感(触觉)等方式来感知外部环境的变化。“物竞天择，适者生存”，不管是人类，还是动物，或是其他生物，为了生存，需依赖于许多传感器(sensor)和致动器(actuator)。以我们自己为例，人的皮肤可以感知温度，也可以感觉疼痛，还可以精确定位身体上的各种刺激。即便是一丝头发被触及，都能立即被察觉，除了体表，体内器官出现异常，大脑能快速基于感官反馈在一定程度上做出判断。更有趣的是传感世界的多样性，许多生物掌握了超越人类五官的独特定位传感方式。例如，蝙蝠使用超声波进行回声定位；鲨鱼、魔鬼鱼和鸭嘴兽通过感知电场变化来进行定位；很多鸟类能够检测磁场并将其用于定位和导航；蜜蜂则采用偏振光定位。

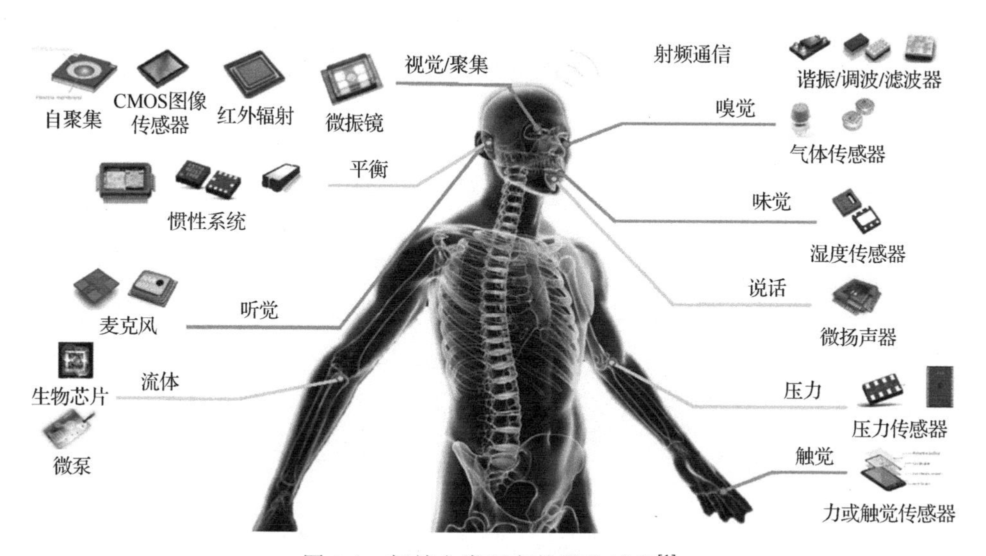

图 1.1　超越人类五官的微传感器[1]

除了感知自身以及外部环境的传感器，为了适应环境，或改造自然，还需要具备各种致动器。对人类来说，手是最灵活的机械致动器，能够做出各种惊人的动作或实现极其复杂的运动控制；声带可以发出复杂的声音，达到语音通信和人际交流的目的。另外，还有其他间接的致动方式，如人可以用嘴吹掉桌子上的灰尘。然而，目前我们对人类自身的研究很有限，对其他生物体中感知及致动方式多样性的理解远远不够，对天然传感器和致动器的仿生研究仍处于起步阶段。

1.1　微 传 感 器

在各种专业期刊和科普杂志中，谈到微传感器，都会习惯性地使用很重要或应用广泛等词语来描述它。事实上，人们已经将微传感器看成理所当然的东西，主要关注其外在功能，很少剖析其内在结构。尽管多数人知道微传感器的存在，但是它们通常集成在电子系统中，不独立存在的微传感器很难被察觉，特别是微传感器最核心的传感或致动部件，人们几乎看不到。例如，大部分司机知道胎压传感器可以监测汽车轮胎是否漏气，但是不太了解它安装在哪个位置，更不清楚它的组成结构。出于这样的原因，日常生活中，我们只能间接地接触到微传感器或致动器。

对美好生活的向往是人类进步的基本动力，如图 1.2 所示，智能家居、工业 4.0、自动驾驶、个人生活智能化等是帮助人类走向智能化美好生活的主要技术趋势。然而，为了实现智能化美好生活，势必离不开微传感器。例如，智能手机是人们日常生活中必不可少的工具，智能手机中包含了许多微传感器，如拾取声音的硅麦、辅助定位的惯性传感器和压力传感器、拍照摄像用到的自动聚焦执行器

图 1.2　感知世界的美好未来[2]

和图像传感器、通信模块的滤波器，以及手机正面的距离传感器和触摸屏等。可以说，智能手机的任何智能行为都离不开这些微传感器。又如，自动驾驶的根本目的是给人类提供安全、便捷、经济的出行方案。一台自动驾驶汽车需要配备激光雷达(light detection and ranging，LiDAR)、摄像头、雷达、超声传感器、全球定位系统(global positioning system，GPS)以及高性能计算机。其中，激光雷达可以通过微振镜的旋转扫描感知周围环境和道路标记及边缘等；雷达可以快速获得附近的车辆运动和位置信息；超声传感器可以辅助倒车；摄像头可以观察行人和障碍物；GPS 可以提供自己的定位和运动信息。在这些传感器的配合下，可以尽量多地实时获取周边信息，以保障行车安全。

本书所涉及的微传感器主要是指基于 MEMS 的传感器或致动器。由于微传感器的种类非常多，无法逐一列举，第 2 章将介绍热对流式加速度计、电容式加速度计、微机械陀螺仪、电容式麦克风、压电式超声换能器等五种具有代表性的 MEMS 传感器。第 3 章将在第 2 章的基础之上，介绍适用于这五种 MEMS 传感器的读出电路。

1.2 微传感器的接口集成电路

智能微传感器的结构框图如图 1.3 所示，传感元件获得的信号经接口集成电路进行信号调理和模数转换后转化成数字信号，再由微处理器等数字系统进行信号的处理完成智能化。随着 MEMS、微电子、微纳制造、无线通信、纳米、生物等技术的交叉融合，传感器进一步朝着微型化、智能化的方向发展。

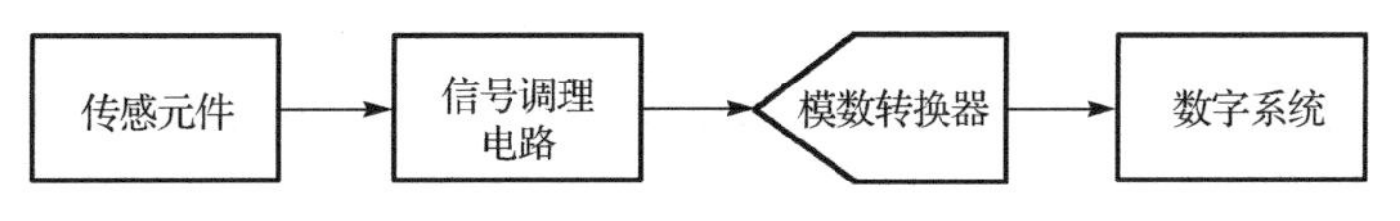

图 1.3 智能微传感器结构框图

传感器的微型化主要依赖的技术手段是传感元件与接口集成电路的集成化。传感元件本身随着 MEMS 技术的发展在不断缩小尺寸，接口集成电路随着半导体工艺和集成电路设计水平的发展也在不断微型化。更为重要的是，MEMS 传感器、接口集成电路以及其他模块正通过新的集成或者封装技术(如异质集成、系统级封装(system in package，SiP))等技术向微型化趋势发展。正如 2005 年发布的国际半导体技术路线图(International Technology Roadmap for Semiconductors，ITRS)所描述的，未来半导体技术的发展一方面是数字集成电路朝着不断缩小特征尺寸和片上系统(system on chip，SoC)集成的方向发展，另一方面是模拟/射频集成电路、传感器等朝着多功能和 SiP 集成的方向发展。可以期待，未来微传感器系统将最终朝着单片集成的目标迈进。传感器的智能化事实上也得益于传感器和集成电路的微型化，在微型化过程中，将低功耗高性能集成电路(包括信号调理电路、微处理器)、无线通信、天线等模块集成在一起，实现智能微传感器。

在微传感器的接口集成电路中，首先遇到的问题是如何将传感元件感知的声、光、电、温度等各种形式的信号转化为电信号，即读出电路，这将在第 3 章介绍。从读出电路获得的信号需要进一步进行信号调理，将信号幅值进行放大或缩小，去除不必要的噪声或有用信号频带外的信号，从而获得一个幅值和频率合适、具有高信噪比的“干净”信号，完成这部分功能的电路即信号调理电路。一般地，还需要将这个信号经模数转换器转换成数字信号后交给微处理进行下一步处理，实现智能化。信号调理电路和模数转换器将在第 4 章介绍。

智能微传感器的无线传输已经越来越普及，但传感器的供电仍采用有线或者电池供电的形式，已经成为传感器微型化和智能化的重要限制因素之一。如何高效率地从环境中采集能量(如光能、热能、电磁能、振动能等)给传感器供电已经越来越受到重视。被动地从环境采集能量的方式严重依赖于环境因素，具有较大的不确定性。作为一种可替代能量采集技术的方式，无线能量传输技术主动设立能量发送源，通过无线能量传输的方式给微传感器无线供电，在很多应用场合成为更稳定可靠的供电方式，尤其在植入式医疗、可穿戴传感方面具有广阔的应用前景。这种通过能量采集或无线能量传输技术实现的自供能技术及其相关电路设计将在第 5 章介绍。

最后，第 6 章围绕微传感器的封装介绍集成电路和 MEMS 传感器集成、封装的发展历史和现状，重点介绍三维 SiP 的关键技术和 MEMS 封装技术。

参 考 文 献

[1] Status of the MEMS Industry 2019 by Yole Développement[EB/OL]. https://www.slideshare.net/Yole_Developpement/status-of-the-mems-industry-2019-by-yole-dveloppement [2019-08-01].

[2] MEMS & Sensors Market: Current Challenges & Future Opportunities Presentation Held at Invensense Developer Conference by Guillaume Girardin from Yole Développement[EB/OL]. https://www.slideshare.net/Yole_Developpement/mems-sensors-market-current-challenges-future-opportunities-presentation-held-at-invensense-developer-conference-by-guillaume-girardin-from-yole-dveloppement [2019-08-01].

第2章　微 传 感 器

微传感器的种类有很多，本章重点介绍热对流式 MEMS 加速度计、电容式加速度计、微机械陀螺仪、电容式 MEMS 麦克风以及压电式微机械超声换能器等五种具有代表性的微传感器。

2.1　热对流式 MEMS 加速度计

2.1.1　基本工作原理

热对流式 MEMS 加速度计的主要结构包括三个传感电阻，其中两个传感电阻完全相同且关于加热器对称放置。本节结合图 2.1 对热对流式加速度计的工作原理进行分析，当加速度计开始工作时，首先加热器对密闭空腔内的空气加热使之形成热气团(相当于质量块)，在外界没有加速度的情况下，腔体内的温度场恒定，两个传感器所感知到的温度相同，如图 2.1 中实线所示，此时两个传感电阻的大小相同；当对传感器施加一个敏感方向上的加速度时，在惯性作用下，热气团与传感器将发生一个相对位移，即温度场发生改变，此时两个传感电阻感知到的温度如图 2.1 中虚线所示，会产生一个 ΔT 的温度差，由于传感电阻材料对温度敏感的特性，两个传感电阻的阻值大小发生变化，这个变化可由惠斯通电桥原理来测得。

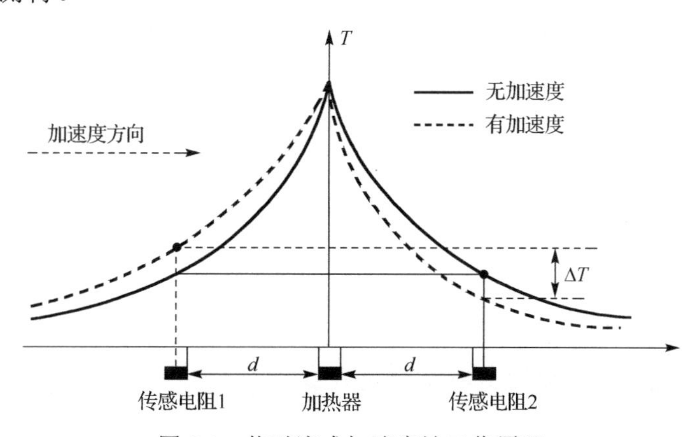

图 2.1　热对流式加速度计工作原理

利用惠斯通电桥测电阻变化的原理如图 2.2 所示，其中 R_{s1} 和 R_{s2} 就是两个传感电阻，它们的初始阻值相同，R_3 和 R_4 是外接的恒定电阻，它们的阻值始终相同。

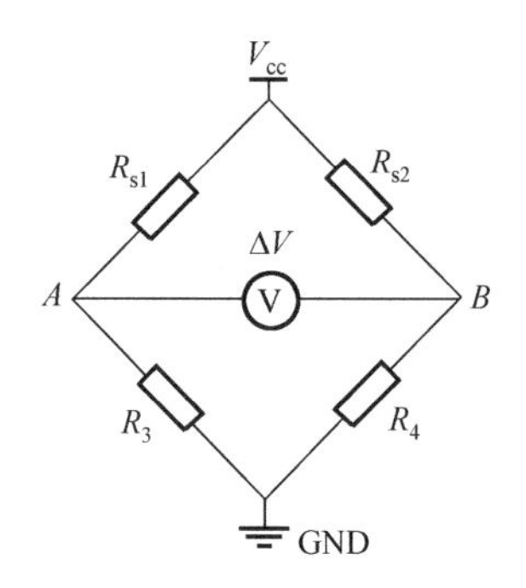

图 2.2　惠斯通电桥测电阻原理

A、B 两点电压 V_1、V_2 如式(2.1)和式(2.2)所示，在没有加速度的情况下，由于 $R_{s1}=R_{s2}$，$R_3=R_4$，故 $V_1=V_2$，$\Delta V=0$，外接电路没有信号输出；当有加速度时，$\Delta V\neq 0$，即有差分电压输出，经过外部电路放大处理后即可测得此差分电压信号。

$$V_1=\frac{R_3}{R_{s1}+R_3}V_{cc} \tag{2.1}$$

$$V_2=\frac{R_4}{R_{s2}+R_4}V_{cc} \tag{2.2}$$

$$\Delta V=V_1-V_2 \tag{2.3}$$

根据以上原理即可测得外界所施加的加速度大小。

2.1.2　国内外研究现状

2003 年，法国蒙彼利埃大学的 Mailly 等[1]报道了一款热对流式加速度计，利用流体动力学方程组的数值分析方法研究了加热器-检测器间的距离对温度分布的影响，以及温度分布与传感器灵敏度的关系，并使用硅微加工技术制作了具有 3 对检测器的热对流式加速度计，如图 2.3 所示，这 3 对检测器与加热器间的距离分别为 100μm、300μm 和 500μm。对制作好的加速度计进行测试分析，测试结果与模拟结果具有很好的一致性：检测器与加热器的最佳距离为 400μm，在这个距离处加速度计的灵敏度最高，在加热器功率为 54mW 时，加热器升高的温度为 238℃，此时在 1g 的加速度下检测器间的温差为 3℃，电学灵敏度为 2.5mV/g，在 0～3g 的范围内具有良好的线性度。

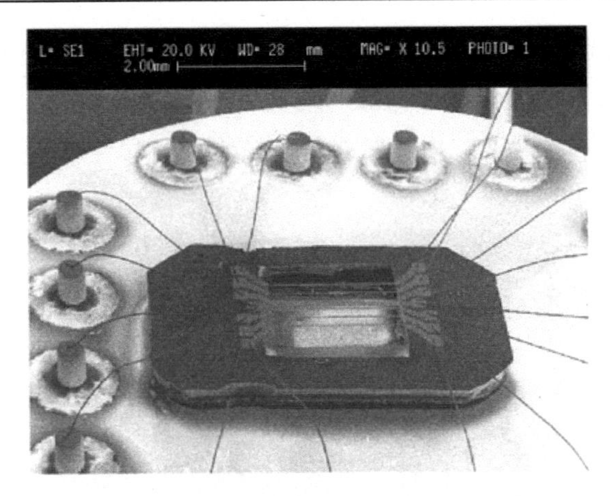

图 2.3 含有 3 对检测器的热对流式加速度计

2007 年，Goustouridis 等[2]设计并制作了一款多孔硅热式加速度计，它由一个多晶硅加热器和对称放置于加热器两侧的多晶硅热电偶组成，互连线和引线区的材料是金属铝，传感器结构制作在 60μm 厚的多孔硅介质层上，以确保有源元件与硅基底有足够的热绝缘。输入 2～18V 的电源电压，加热器对应产生 3.5～225mW 的功率，整个芯片的尺寸是 1.4mm×0.9mm。使用 ANSYS 对所设计的器件结构进行仿真分析，仿真中密闭空腔长、宽、高分别为 2mm、2mm、2cm，仿真结果表明，加热器和热电偶的最佳距离为 30～40μm。对加工好的传感器分别在未封装的空气中、未封装的油中和封装好的油中三种不同封装结构进行测试，结果表明，其在未封装的油中具有最高的响应，达到 1300nA/g，在封装好的油中具有比较好的线性度，三种封装结构都在低频 10Hz 时显示出比较好的特性，截止频率分别为 12Hz、30Hz、70Hz，但是第三种封装结构在 100Hz 以上的频率依然有较高的灵敏度。

Silva 等[3]开发了一种使用聚合物和硅平面显微技术组合工艺制作的完全集成的三轴热对流式加速度计。使用具有低导热率的聚合物材料（聚苯乙烯和聚酰亚胺）改进了热对流式加速度计的整体功耗，是简单且成本低的原材料。该三轴加速度计的结构主要包括 4 个微注射聚合物部分和 3 个连接的聚合物膜，这些微注射部件为放置在其膜片上的传感器结构提供机械支撑并可以确定腔体尺寸。制作完成后对加热器进行测试，结果与预期一致，58mW 的功率能使加热器产生 580K 的温度。

国内对热对流式加速度计的研究最早开始于 2001 年，清华大学的罗小兵等[4]对基本结构的热对流式加速度计进行优化分析，研究了加热器和检测器间位置、密闭腔体中的不同流体、加热器的温度等对加速度计性能的影响，并最终制作出加速度计进行实际测试，制作出的热对流式加速度计基本结构如图 2.4 所示。测试结果显示出加速度计具有符合预期的线性度，线性误差小于 0.35%，该器件在 45Hz 时 0～10*g* 的加速度范围内具有良好的线性度，在 87mW 的工作功率下灵敏度达到了 600μV/*g*。

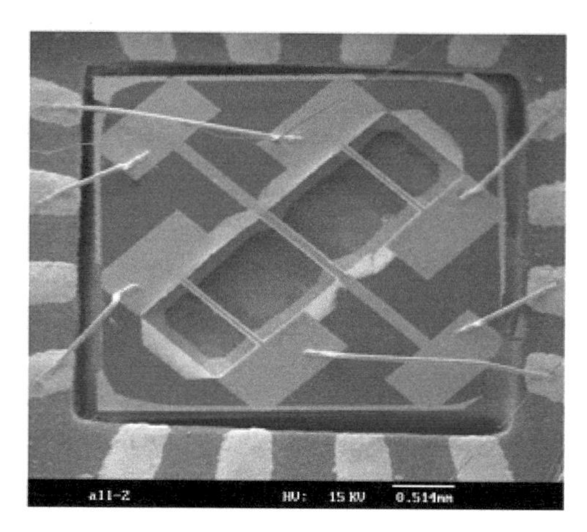

图 2.4　热对流式加速度计基本结构[4]

2008 年，中国电子科技集团公司第十三研究所的吕树海等[5]报道了一种三轴热对流式加速度计，在加热器的 *x*、*y*、*z* 三轴向上放置 6 对温度传感器来检测 3 个方向的加速度。器件成品如图 2.5 所示。测试结果表明，该加速度计实现了 3 个方向加速度信号的检测，并且具有±2*g* 的量程和 1m *g* 的分辨率，抗冲击力达到了 10000*g*。

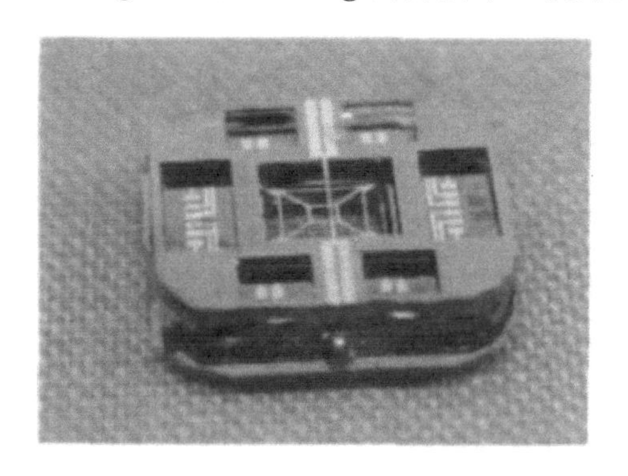

图 2.5　三轴热对流式加速度计成品

除了以上国内外各高校和研究所的研究，热对流式 MEMS 加速度计已投入商用，现在此类传感器市场由美新半导体有限公司(MEMSIC)主导，其加速度计产品在汽车、手机、数码相机、液晶电视、玩具等都有应用，其他各类型的传感器也都占据着一定的市场份额，最新的加速度计产品有 MXC6255XC/U DTOS 完全集成的热对流式加速度计、MXR9500MZ三轴热对流式加速度计等。没有可动结构、易于与CMOS集成是热对流式加速度计的最大特点。

通过国内外热对流式MEMS加速度计研究现状可以看出，国内对于热对流式MEMS加速度计的研究在理论研究和计算仿真等方面并不比国外落后，但在性能优化、制作工艺方面还存在一定差距，这也是国内研究人员的努力方向。现有的热对流式MEMS加速度计均需背部刻穿来形成腔体结构，这样就导致器件仍然有悬空梁结构，这一方面使加速度计抗撞击性能变差，另一方面也增加了工艺难度，大大降低了良品率。

2.2 MEMS惯性传感器

MEMS惯性传感器主要包括电容式加速度计和微机械陀螺仪，其典型结构一般包含一个质量块。根据惯性定律，质量块趋向于保持其原来运动方向和速度，因此可以通过测量质量块和外围部件的相对运动参数计算出待测量物体的加速度及方向，这是MEMS电容式加速度计和微机械陀螺仪的基本工作原理。

2.2.1 电容式加速度计

MEMS加速度计的种类有很多，根据工作原理可分为压阻式、电容式、共振式、隧道式等。其中，MEMS电容式加速度计是目前研制得最多的一类加速度传感器，因为它不仅具有高灵敏度、高直流响应及噪声性能、低漂移、低温度灵敏度和低功耗等优点，而且输出带宽要高于共振式和隧道式加速度计。

MEMS电容式加速度计最常见的结构有垂直结构和横向结构，许多MEMS电容式加速度计是垂直结构，其上面的惯性质量块与底部的固定电极板之间由一个狭窄的空气间隙分开，形成一个平行板传感电容，惯性质量块在垂直方向(即z轴)移动，从而改变空气间隙的大小及其相应的电容值。在横向加速度计中，惯性质量块和一组可移动梳齿结构连接，该组可移动梳齿结构和另一组固定梳齿结构之间形成传感电容，其传感方向是横向方向(即x或y方向)。另外，有些垂直结构的MEMS电容式加速度计使用了跷跷板结构，即惯性质量块由不位于中心位置的扭转梁悬挂支撑，导致惯性质量块一边略重于另一边，在垂直方向加速度的作用下，惯性质量块做倾斜运动。和传统的平行板z轴加速度计相比，这种结构具有固有的超量程保护、更高的灵敏度和更高的吸合电压等优点。

MEMS电容式加速度计的开环灵敏度与惯性质量块大小成正比，与电容重叠面积也成正比，与弹簧常数和空气间隙的平方成反比。早期MEMS电容式加速度计利用体硅微机械加工和晶圆键合技术，实现厚、大惯性质量块和高灵敏度。

Rudolf 等[6]使用阳极键合技术将两个玻璃片键合在制作有敏感单元的中间硅晶片的顶部和底部，从而形成一个 z 轴加速度计。该加速度计在惯性质量块和顶部/底部玻璃片上的金属固定电极之间形成了两个差分感应电容，同时硅或玻璃片刻蚀的凹槽形成电容电极之间的空气间隙，可以提供μg 级的测量精度。Rudolf 等的第二代 MEMS 电容式加速度计可以提供优于 $1\mu g/\sqrt{Hz}$ 的分辨率、DC-100Hz 的带宽、30μg/℃的零点温漂(TCO)和 150×10^{-6}/℃的温度漂移系数(TCS)。为了降低其温度漂移系数和长期漂移效应，后来人们广泛使用三片硅晶片来制作 MEMS 电容式加速度计。另一种早期设计的μg 级 MEMS 电容式加速度计使用玻璃-硅键合和体微机械加工技术制作，利用闭环Σ-Δ读出控制电路实现了 120dB 动态范围(动态范围是指读出电路可接收的最大信号与最小信号的比值)。

表面微机械加工技术便于将 MEMS 电容式加速度传感器及其接口电路集成在同一芯片上，其利用沉积的多晶硅层制作敏感元件结构，既适合于垂直结构的电容式加速度计制作，也适合于横向结构的电容式加速度计制作，能够将整个加速度计(包括传感器和所有接口电路)在一个很小的面积上实现集成。集成后的 MEMS 电容式加速度计可以检测到非常小的电容变化。图 2.6 显示了 Analog Device 公司设计生产的 ADXL05 型 MEMS 电容式加速度计的扫描电镜图(该加速度计具有 $0.5mg/\sqrt{Hz}$ 的分辨率、±5g 的工作范围和 1000g 的抗冲击能力)。

此外，通过采用一个垂直和两个横向加速度传感器，加利福尼亚大学伯克利分校的研究人员在圣地亚国家实验室制备出集成的三轴加速度计[7]。该研究小组还开发了一种仅带有一个单一敏感单元的三轴加速度计。通常情况下，表面微机械加工制作的 MEMS 电容式加速度计能够实现在 100Hz 左右的带宽内 100μg 的分辨率。这些器件具有小惯性质量块，因此机械噪声通常会比较高(除非采用真空封装)。

图 2.6　Analog Device 公司 ADXL05 型 MEMS 电容式加速度计扫描电镜图

由于拥有比较大的惯性质量块，体微机械加工技术制作的 MEMS 电容式加速度计可以达到更高的分辨率，但是它们通常需要进行晶圆键合，因此如果不是全硅晶片制作，这种加速度计会遭受比较大的温度系数影响。此外，体微机械加工技术制作的惯性质量块比较厚，在厚结构上打通阻尼孔也是不容易的，而且通常需要在指定的压力下进行封装来控制阻尼。为了解决这些问题，Yazdi 等[8]设计制作了全硅、完全对称、高精度的 MEMS 电容式加速度计，该加速度计使用混合表面-体微机械加工技术在单一的硅晶片上制作大尺寸惯性质量块、可控的小阻尼和小的空气间隙，以便达成比较大的电容变化量。该 MEMS 电容式加速度计使用过采样Σ-Δ调制器实现闭环电路，其 2pF/g 的高灵敏度、低噪声和低温度漂移系数使得其可以达到μg 甚至亚μg 的高分辨率性能。

2.2.2 微机械陀螺仪

微机械陀螺仪是国外 20 世纪 80 年代后期发展的一种微小型惯性陀螺，它借助于硅微机械加工技术，在硅片上制作陀螺仪的微结构部件。由于在硅材料上制作转子非常困难，因此绝大多数 MEMS 微机械陀螺都采用振动式结构，其工作原理都是利用哥氏效应实现驱动和检测振动模态之间的能量转移。与传统的转子式陀螺相比，MEMS 微机械陀螺仪具有体积小、功耗低、成本低、可靠性高、可与微电子电路集成、适合于大批量生产等优点。

一般来说，陀螺仪基于其性能可以分为三种不同的类别：惯性级、战术级、速率级。表 2.1 总结了不同级别陀螺仪的性能指标。过去研究硅基微机械陀螺仪的大部分努力都集中于开发速率级陀螺仪，它们在汽车领域有巨大的应用市场。然而，许多其他应用领域需要更好性能的陀螺仪，这些领域包括惯性导航、定位、机器人技术和一些消费类电子产品。光学陀螺仪是目前市场上最精确的陀螺仪，其中激光陀螺已经达到了惯性级的性能，而光纤陀螺仪主要用于战术级的应用。作为一种振动陀螺仪设计，德科(Delco)公司的半球谐振陀螺仪(hemispherical resonator gyro，HRG)也能达到惯性级性能。但是这些陀螺仪过于昂贵和笨重，无法在许多具有巨大应用前景的低成本市场得到应用。因此，研制具有小体积、低功耗和低成本的战术级或惯性级 MEMS 微机械陀螺仪具有非常重要的意义。

表 2.1 不同级别陀螺仪的性能指标

性能指标	速率级	战术级	惯性级
零漂/((°)/h)	10～1000	0.1～10	< 0.01
随机游走角度/((°)/$h^{1/2}$)	> 0.5	0.5～0.05	< 0.001

续表

性能指标	速率级	战术级	惯性级
标度因子精度/%	0.1～1	0.01～0.1	< 0.001
最大输入角速度/((°)/s)	50～1000	> 500	> 400
1ms 内承受最大冲击速度/(g·s)①	103	103～104	103
带宽/Hz	> 70	约 100	约 100

① g · s 等价于 m/s，是从动量守恒的角度分析器件的抗冲击能力。

早期的微机械陀螺仪是利用石英材料制作的，但由于这种利用石英材料制作的陀螺仪很难与微电子工艺兼容，不能实现批量生产和与微电子电路集成，限制了其进一步发展。因此，硅基微机械陀螺仪应运而生，首个硅基微机械陀螺仪是美国德雷珀实验室 1988 年报道的双框架角振动陀螺仪，该器件采用组装工艺，不能实现批量生产，因此该实验室又在 1991 年推出了单芯片集成双框架体硅微机械振动陀螺仪[9]，其平面尺寸为 350μm×500μm。在真空封装及 1Hz 带宽条件下噪声等效角速度为 4(°)/s。双框架陀螺制作工艺较为复杂，由于受框架振动幅度限制，输出信号较为微弱，需要工作在真空条件下和高灵敏的信号检测电路。该陀螺工艺能与微电子工艺兼容，可实现与微电子接口电路集成，能够大批量生产而降低成本。

随着双框架硅微机械振动陀螺仪的诞生，各式各样的硅基微机械陀螺仪层出不穷。微机械陀螺仪按振动结构、材料、驱动方式、工作模式、检测方式和加工模式等分类如图 2.7 所示。

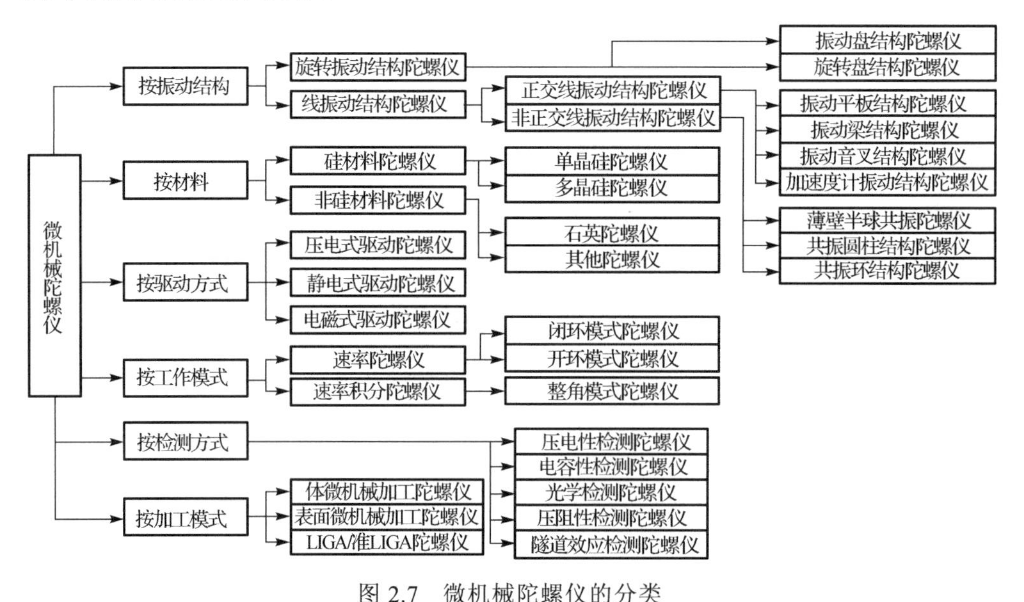

图 2.7　微机械陀螺仪的分类

LIGA 是德文光刻、电铸和注塑(lithographie、galvanoformung、abformung)的缩写

2.3 电容式 MEMS 麦克风

2.3.1 基本工作原理

电容式 MEMS 麦克风本质上是一个可以感知外部声压或气压变化的可变电容，它的基本结构包括一个弹性振膜(membrane)和一个刚性背板(backplate)。振膜在声波的激励下发生形变和振动，振膜和背板的间距发生变化，电容值随着间距的波动而发生变化，因此最终输出的电信号与感知的声波信号直接相关。通常，振膜和背板之间施加了直流偏压，这样会对振膜起到“软化”作用，提高振膜的机械灵敏度。

电容式 MEMS 麦克风产品主要包括 MEMS 元件和专用集成电路(application specific integrated circuit，ASIC)芯片两个部分(图 2.8)，两者安装在同一个印刷电路板(printed circuit board，PCB)底座上，并通过键合引线连接，再由 ASIC 引线至 PCB 上。值得注意的是，虽然当前的 MEMS 工艺已能够实现 MEMS 和 CMOS 的单片集成，理论上不需要引线，但是传统的引线连接仍然是主流商用产品的首选。主要原因可归为两个方面：一方面是外壳具有保护作用；另一方面是外壳与 PCB 之间的声学腔可提高麦克风的声学性能。

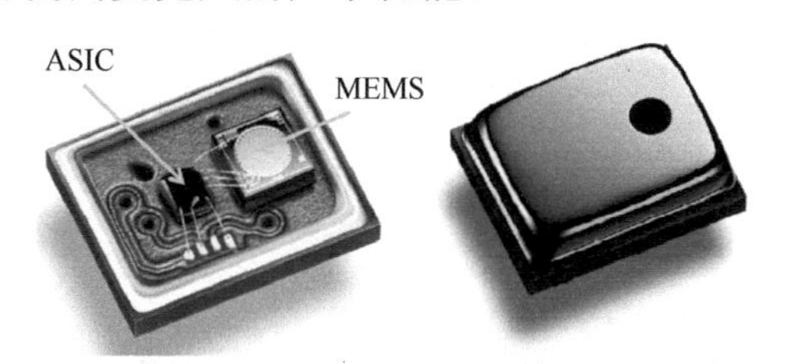

图 2.8 典型的电容式 MEMS 麦克风产品及其组成

2.3.2 国内外研究现状

近二十年的研究为电容式 MEMS 麦克风的商业化做了铺垫。美国 Knowles 公司于 2003 年发布了 SiSonic®表面贴装电容式 MEMS 麦克风(图 2.9)，这是电容式 MEMS 麦克风商业化进程中的第一次尝试[10]。Knowles 公司从 20 世纪 90 年代早期开始研发电容式 MEMS 麦克风，最初的目标应用是助听器，后来重点转向普通消费电子市场，手机市场的快速发展促进了对电容式 MEMS 麦克风的旺盛需求。随后，丹麦音频传感器制造商 Sonion 推出了 SiMic®，它是一个包括 MEMS 传感元件和信号调理 ASIC 的 MEMS 麦克风，直接集成在同一个硅衬底上。美国

Akustica 公司和 ADI 公司也推出了与 CMOS 电路集成的 MEMS 麦克风。此外，欧姆龙公司研发了一款号称最小尺寸的商用电容式 MEMS 麦克风。以电容式 MEMS 麦克风裸芯片的出货量计算，与 Knowles 公司相当的是欧洲的英飞凌公司，它从 20 世纪 90 年代末才开始研发电容式 MEMS 麦克风，在 2006 年左右开始大规模量产并向市场出货。国内起步比较晚，苏州敏芯微电子技术股份有限公司在 2007 年前后开始电容式 MEMS 麦克风研究，并于 2014 年开始大规模量产。

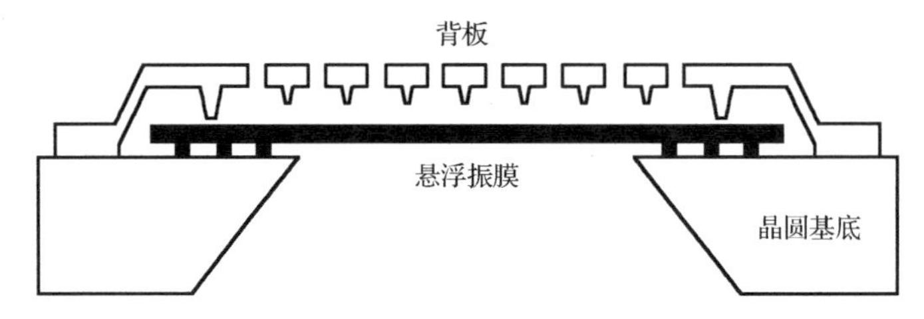

图 2.9　Knowles 公司推出的第一款电容式 MEMS 麦克风 SiSonic®的横截面图

虽然电容式 MEMS 麦克风产品已经非常成熟，市场也趋于饱和，但是随着物联网和下一代移动网络的发展，超低功耗和超高信噪比成为 MEMS 麦克风产品的新挑战。美国 Vesper 公司推出了第一款商用零功耗监听（zero power listening）压电式 MEMS 麦克风。以英飞凌公司和 GMEMS 公司为代表的厂家正在研发基于梳齿结构的下一代电容式 MEMS 麦克风，有望将信噪比提高到 75～80dB。另外，加利福尼亚大学伯克利分校发明了一种多层石墨烯薄膜的电容式 MEMS 麦克风（图 2.10），具有从 20kHz 到 0.5MHz 的超宽响应频带[11,12]。贝尔格莱德大学报道了一种电容式 MEMS 麦克风，它的振膜由 300 层石墨烯构成，性能明显优于同规格的 B&K4134 测量麦克风[13]。

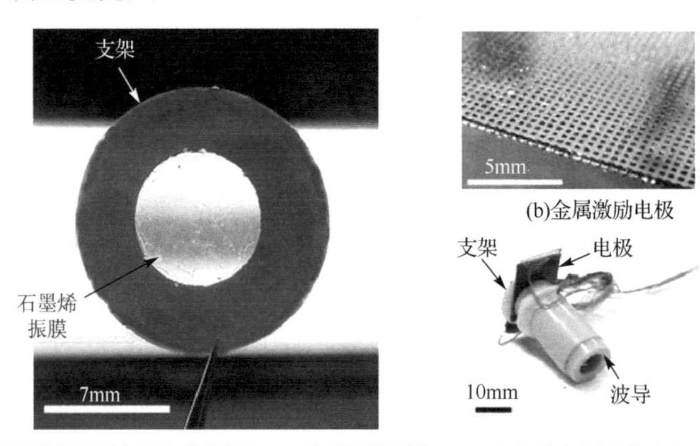

(a)设置在圆环形支架上的直径为7mm的石墨烯振膜　(c)组装的麦克风(含波导)

图 2.10　基于多层石墨烯薄膜的电容式麦克风

2.4 压电式微机械超声换能器

2.4.1 基本工作原理

压电式微机械超声换能器(piezoelectric micromachined ultrasonic transducer，pMUT)与传统超声换能器的最大区别在于工作模式，如图 2.11 所示，传统超声换能器在厚度模式下工作，在交流电压激励之下，压电材料层的厚度发生变化，引起振动从而发出超声；pMUT 在振膜弯曲模式下工作，振膜上的压电薄膜在交流电压激励下发生横向形变，使振膜产生弯曲和振动，发出超声。接收超声的过程是发射超声过程的逆向过程。值得注意的是，电容式微机械超声换能器(capacitive micromechined ultrasonic transducer，cMUT)也工作在振膜弯曲模式下，与 pMUT 不同的是，它是由直流偏压 V_{dc} 和交流电压 V_{ac} 共同作用下的静电力驱动的。

pMUT 的结构比较简单，如图 2.11 所示，pMUT 的振膜包括具有上下两个金属电极的锆钛酸铅(Lead Zirconate Titanate，PZT)压电薄膜及其下方的硅及氧化硅薄膜。当在 3 方向(平面外)上对压电材料施加电场时，整个结构在 1 方向(平面内)经受应变。由交流信号在给定频率下产生的应变在压电材料层中产生结构振动，从而产生超声波。在超声成像应用中，由每个 pMUT 元件发射的声压被物体反射并返回 pMUT 阵列以在压电层中引起应力。与 cMUT 不同，pMUT 在顶部和底部电极之间没有真空间隙用于振动。因此，膜的偏转不受顶部和底部电极分离的限制。

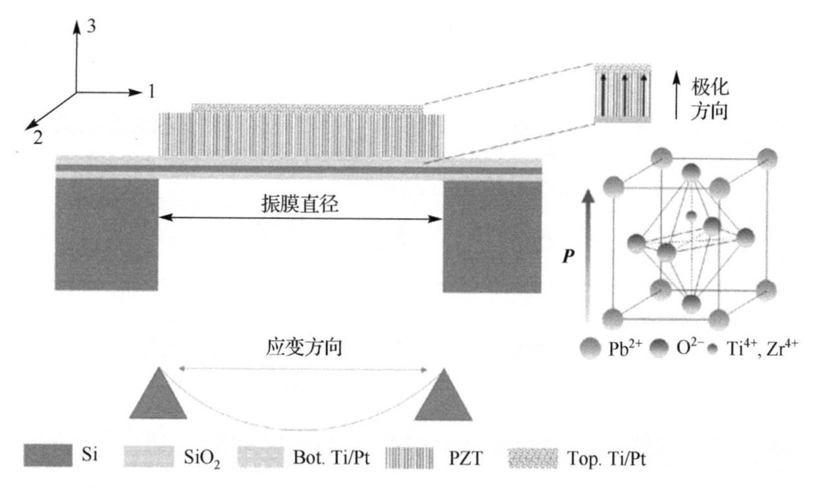

图 2.11 基于 PZT 压电薄膜的 pMUT 的横截面图及其工作原理

与 cMUT 不同，pMUT 不需要直流偏置电压，并且具有较少的几何和设计约束，便于与低压电子器件集成。pMUT 还提供了超过 cMUT 的其他几个优点，主要是因为它们具有更高的电容和更低的电阻抗。它们通过降低寄生电容的影响来增加换能器灵敏度，同时允许使用低压电子器件。通过实施压电薄膜，可以进一步实现大输出信号、低损耗和高信噪比。然而，pMUT 也有一些局限性，最典型的是耦合系数(k_2)相对较低。基于 PZT 的压电复合超声换能器和 cMUT 的标称耦合系数分别为 18%和 70%，而 pMUT 的耦合系数为 1%～6%。为了提高 pMUT 的性能，可以从器件结构上进行优化，例如，优化振膜边缘的固定约束条件；设置多个金属电极，或设置两层或多层压电薄膜；改变振膜形状，采用圆顶形和弯曲的振膜。

2.4.2　国内外研究现状

超声波可以采用压电效应、静电驱动、磁致伸缩和光声效应等方法激发，其中，通过压电效应激发的方法最为常见，也是本书的主要讨论范围。超声换能器是发射和接收超声波的基础器件，它是超声成像或检测系统中的关键元件，在医疗诊断和无损检测中发挥着重要作用。如图 2.12 所示，常用的超声换能器主要包括三种类型，即基于块状压电材料的传统超声换能器、cMUT 及 d31 模式的压电式微机械超声换能器[14]。其中，pMUT 因具备功耗低和尺寸小等优点，有望成为便携式超声、可植入无线能量传输、移动终端生物识别、物联网人机交互等应用的理想解决方案。

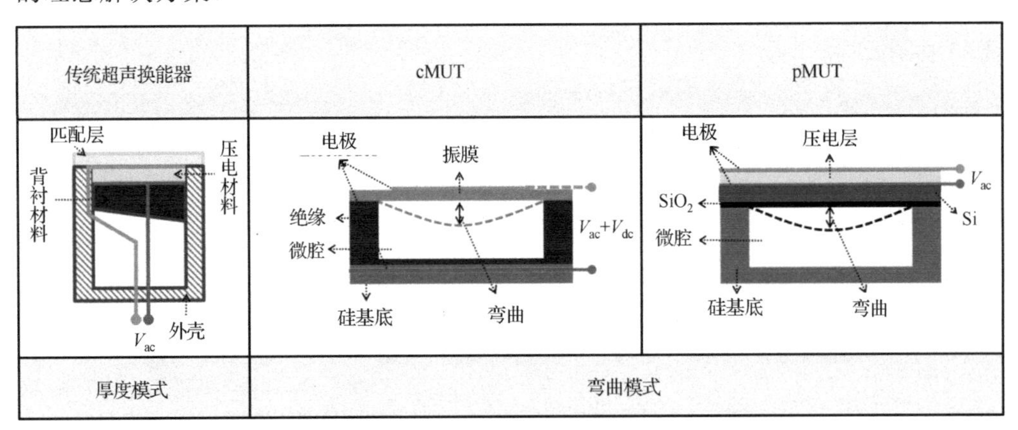

图 2.12　常见的三种超声换能器

作为传统超声换能器的替代方案，pMUT 的研究开始于 20 世纪 80 年代初，经过 30 多年的努力，pMUT 在商用产品方面也取得了不错的进展。近几年，pMUT 的快速发展引人瞩目，在商用化进程上已经反超 cMUT。例如，高通公司推出了第一款基于 pMUT 阵列三维超声成像的指纹安全识别系统；硅谷的 Chirp 公司推出了基于 pMUT 的手势识别系统，用于增强现实(augmented reality，AR)交互游戏系统；硅谷的初创公司 eXo Imaging 致力于开发基于 pMUT 阵列的医学超声探头。

pMUT 的起源可以追溯到压电式 MEMS 麦克风的研究。Honeywell 公司的 Royer 等在 1983 年报道了基于 ZnO 压电薄膜的声学传感器，当时主要是作为麦克风使用，从器件结构来看，它是最早的 pMUT 原型[15]。从 2000 年左右开始，pMUT 相关研究迎来了第一次爆发。斯坦福大学、洛桑联邦理工学院、大阪大学、南加利福尼亚大学、华盛顿州立大学、宾州州立大学、RTI 国际金属公司和飞利浦等机构先后开展了 pMUT 的相关研究。然而，2014 年之前，由于世界主流的 MEMS 代工厂都不具备压电薄膜的大规模量产能力，这个时期的研究均未转化为商用产品。

近几年，随着压电薄膜技术的成熟，各大 MEMS 代工厂相继试产了压电 MEMS 产品，例如，美国的格芯(Global Foundry)公司帮助 Vesper 公司成功试产了基于 AlN 薄膜的压电式 MEMS 麦克风；欧洲的意法半导体公司帮助 USound 公司量产了基于 PZT 薄膜的 MEMS 麦克风。在 pMUT 方面，Chirp 公司用于手势识别的 pMUT 阵列和高通公司用于指纹识别的 pMUT 阵列都已可以商用。然而，pMUT 在医学超声应用方面还未出现商用产品，尚处于研究阶段。国内外都有很多研究组在开展相关研究，如加利福尼亚大学戴维斯分校的 Horsley 组、加利福尼亚大学伯克利分校的 Lin 组、新加坡国立大学的 Lee 组近几年在 pMUT 方面做了大量工作，另外，RTI 国际金属公司、Fujifilm、浙江大学、杭州电子科技大学也陆续开展了 pMUT 相关研究[16]。

参 考 文 献

[1] Mailly F, Martinez A, Giani A, et al. Design of a micromachined thermal accelerometer: Thermal simulation and experimental results[J]. Microelectronics Journal, 2003, 34(4): 275-280.

[2] Goustouridis D, Kaltsas G, Nassiopoulou A G. A silicon thermal accelerometer without solid proof mass using porous silicon thermal isolation[J]. IEEE Sensors Journal, 2007, 7(7): 983-989.

[3] Silva C S, Pontes J, Viana J C, et al. A fully integrated three-axis thermal accelerometer[C]. Instrumentation and Measurement Technology Conference, 2013: 963-966.

[4] Luo X B, Yang Y J, Zheng F, et al. An optimized micromachined convective accelerometer

with no proof mass[J]. Journal of Micromechanics & Microengineering, 2001, 11(5): 504.

[5] 吕树海，杨拥军，徐淑静，等. 新型三轴 MEMS 热对流加速度传感器的研究[J]. 微纳电子技术, 2008, 45(4): 219-221.

[6] Rudolf F, Jornod A, Bergqvist J, et al. Precision accelerometers with μg resolution[J]. Sensors and Actuators A: Physical, 1990, 21(1-3): 297-302.

[7] Lemkin M A, Ortiz M A, Wongkomet N, et al. A 3-axis surface micromachined/spl Sigma//spl Delta/accelerometer[C]. IEEE International Solids-State Circuits Conference, 1997: 202-203.

[8] Yazdi N, Najafi K. An all-silicon single-wafer fabrication technology for precision microaccelerometers[C]. Proceedings of International Solid State Sensors and Actuators Conferenc, 1997, 2: 1181-1184.

[9] Greiff P, Boxenhorn B, King T, et al. Silicon monolithic micromechanical gyroscope[C]. International Conference on Solid-State Sensors and Actuators, 1991: 966-968.

[10] Loeppert P V. The first commercialized MEMS microphone[C]. Solid-State Sensors, Actuators, and Microsystems Workshop, 2006: 1-5.

[11] Zhou Q, Zettl A. Electrostatic graphene loudspeaker[J]. Applied Physics Letters, 2013, 102(22): 223109.

[12] Zhou Q, Zheng J, Onishi S, et al. Graphene electrostatic microphone and ultrasonic radio[J]. Proceedings of the National Academy of Sciences, 2015, 112(29): 8942-8946.

[13] Todorović D, Matković A, Milićević M, et al. Multilayer graphene condenser microphone[J]. 2D Materials, 2015, 2(4): 045013.

[14] Qiu Y, Gigliotti J, Wallace M, et al. Piezoelectric micromachined ultrasound transducer (PMUT) arrays for integrated sensing, actuation and imaging[J]. Sensors, 2015, 15(4): 8020-8041.

[15] Royer M, Holmen J O, Wurm M A, et al. ZnO on Si integrated acoustic sensor[J]. Sensors and Actuators, 1983, 4: 357-362.

[16] Wu L, Chen X, Wang G, et al. Dual-frequency piezoelectric micromachined ultrasonic transducers[J]. Applied Physics Letters, 2019, 115(2): 023501.

第3章　微传感器的读出电路

微传感器的种类有很多，微传感器读出电路的类型也有很多。第2章介绍了热对流式MEMS加速度计、MEMS电容式加速度计、MEMS微机械陀螺仪、电容式MEMS麦克风以及压电式微机械超声换能器等微传感器，本章以此为基础，介绍几种具有代表性的读出电路。

3.1　热对流式MEMS加速度计读出电路

热对流式MEMS加速度计的读出电路包括两部分，即加热器控制电路和加速度检测电路。两部分电路的基本原理都是惠斯通电桥原理，最终可制作在同一块PCB上，组成完整的接口电路。加热器温度的控制是通过传感器上的参考电阻、加热电阻和外部元器件所组成的惠斯通电桥来实现的，具体原理如图3.1所示。通过此电路可使加热器与外界的温度差ΔT保持稳定，以最大限度地减小由ΔT的波动引起的误差和非线性。

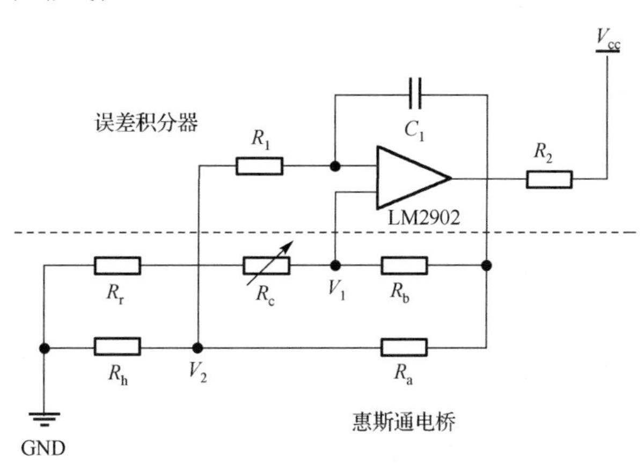

图3.1　加热器控制电路原理示意图

图3.1上半部分是误差积分器，下半部分是一个直流惠斯通电桥，加热电阻R_h和外部固定电阻R_a在电桥的一条臂上，参考电阻R_r和外部固定电阻R_b、可调电阻R_c组成另外一条电桥臂，可实现温度补偿和感知外界环境温度的功能。假设在一个温度固定的环境下，R_r是保持不变的，当加热电阻R_h附近温度降低时，由

于对温度敏感的特性，其电阻值也会变小，导致电桥失去平衡产生一个差分电压信号，这个电压信号会加载在一个具有高增益反馈的误差积分器输入端，这样能通过输出端来增加加热电阻 R_h 两端的电压，使加热电阻 R_h 以更大的功率来工作，产生更高的温度。相反，当加热电阻 R_h 温度高于预设温度时，误差积分器会通过调节加载在 R_h 两端的电压使其变小，来让加热电阻 R_h 减小功率，保持在一个稳定状态。误差积分器能够随时监测到电桥的失衡，并进行相应的调整，从而使加热温度保持稳定。

在环境温度–40～80℃的范围内，通过选择合适的 R_a、R_b 和 R_c，加热器的温度误差可以保持低于环境温度改变量的 1%，电阻值的选取可以通过以下推导公式来进行[1]。

根据惠斯通电桥相关理论可知：

$$\frac{R_c + R_r}{R_h} = \frac{R_b}{R_a} \tag{3.1}$$

式(3.1)中理想状态下只有 R_h 是变化的，由于铂的特性，在一定温度范围内，R_h 的变化是线性的。设开始的温度(也是环境温度)为 T_0，最终温度为 T_1，加热器初始电阻值为 R_{h0}，温度 T_1 时的加热器阻值为 R_{h1}，铂电阻的电阻温度系数为 α，则有如下关系式：

$$R_{h1} = R_{h0}[1 + \alpha(T_1 - T_0)] \tag{3.2}$$

该加热器与外界温差 $\Delta T = T_1 - T_0$，式(3.2)可写为

$$R_{h1} = R_{h0}(1 + \alpha\Delta T) \tag{3.3}$$

若初始状态下令 $R_r / R_{h0} = R_b / R_a = k$（$k$ 为常数)，则有

$$\Delta T = \frac{R_c}{k\alpha R_{h0}} \tag{3.4}$$

电路中 R_a、R_b 为固定电阻，R_c 为可调电阻，可以设置合理的阻值来实现对加热器加热温度的控制。为了使 R_r 产生较低的温度和较小的电阻改变量，可使该电桥臂通过的电流处于较小的水平，即设计 k 为较大值。对于一个确定的传感器以及接口电路中其他条件不变，调节可变电阻 R_c 值的大小就可调节温升 ΔT 的大小。

加速度的检测是通过两个传感电阻来进行的，其原理也是惠斯通电桥。由传感器上的两个传感电阻和外部电路中两个高阻抗的固定电阻来组成一个惠斯通电桥，两个传感电阻位于不同的桥臂上。通常由于工艺误差等因素，制作出的两个传感电阻阻值会有误差，将导致在初始状态下两个电桥不平衡，因此在电桥中设置一个可变电阻作为零点电位计，在没有加速度的情况下，调节电桥达到平衡状态。具体的电路图如图 3.2 所示。

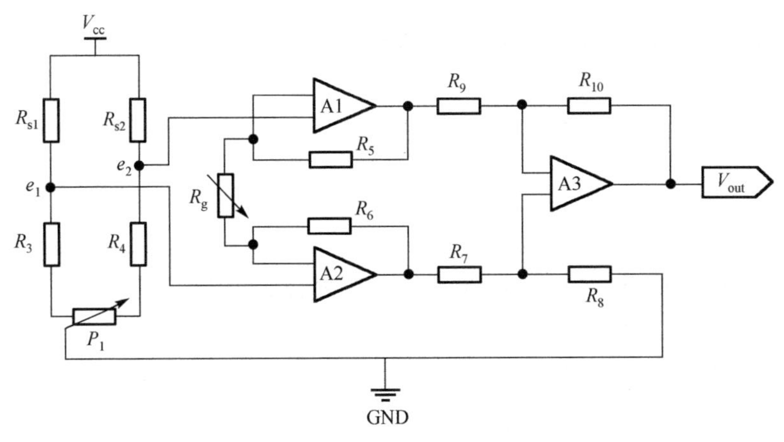

图 3.2　加速度检测电路

图 3.2 中，R_{s1} 和 R_{s2} 是传感电阻 1 和传感电阻 2，R_3 和 R_4 是外部电路中的固定电阻，P_1 是零点电位计，外部的三个运算放大器组成差分输入仪表放大器，对电桥输出的差分电压信号进行放大并使其通过信号输出端被测试仪器检测到。

先忽略 P_1 的存在，假设电桥本身是平衡的，则电桥的差分输出电压为

$$\Delta U = e_1 - e_2 = \left(\frac{R_3}{R_3 + R_{s1}} - \frac{R_4}{R_4 + R_{s2}}\right) V_{cc} \tag{3.5}$$

固定电阻 $R_3 = R_4 = R$，在没有加速度的情况下，两个传感电阻所感知到的温度相同，电阻值也相同，即 $R_{s1} = R_{s2} = R'$，此时 $\Delta U = 0$，输出端没有信号；当有加速度时，传感电阻大小发生线性变化，改变量 $\Delta R = \alpha R' / (2\Delta T)$，$\Delta T$ 为传感电阻两边的温差，传感电阻变为 $R_{s1} = R' - \Delta R$，$R_{s2} = R' + \Delta R$，式 (3.5) 变为

$$\Delta U = \left(\frac{R}{R + R' - \Delta R} - \frac{R}{R + R' + \Delta R}\right) V_{cc} = \left[\frac{2R\Delta R}{(R + R')^2 - \Delta R^2}\right] V_{cc} \tag{3.6}$$

当 $\Delta R \ll R$ 时，式 (3.6) 中的 ΔR^2 项可以忽略不计，即

$$\Delta U = \frac{\alpha R R' V_{cc}}{(R + R')^2} \Delta T \tag{3.7}$$

此差分信号经过后端差分放大电路即可被检测仪器接收到。因此，理论上 ΔU 与 ΔT 是近似线性关系，又由前文可知，两个传感电阻间的温差 ΔT 与加速度 a 是线性关系，因此最终输出电压 U 与加速度 a 也近似呈线性关系。

此外，应设置 R_3 和 R_4 为高阻抗电阻，来提高传感器的线性度和灵敏度，同时 R_3、R_4 越大，支路电流越小，传感电阻由焦耳热引起的误差就会越小。

把所设计的热对流式 MEMS 加速度计作为一个电路元器件来设计到接口电路中。加热器控制电路和加速度检测电路可以共用同一电压源和接地端，制作在

同一块 PCB 上组成完整的传感器接口电路来进行测试，图 3.3 是完整的接口电路示意图。

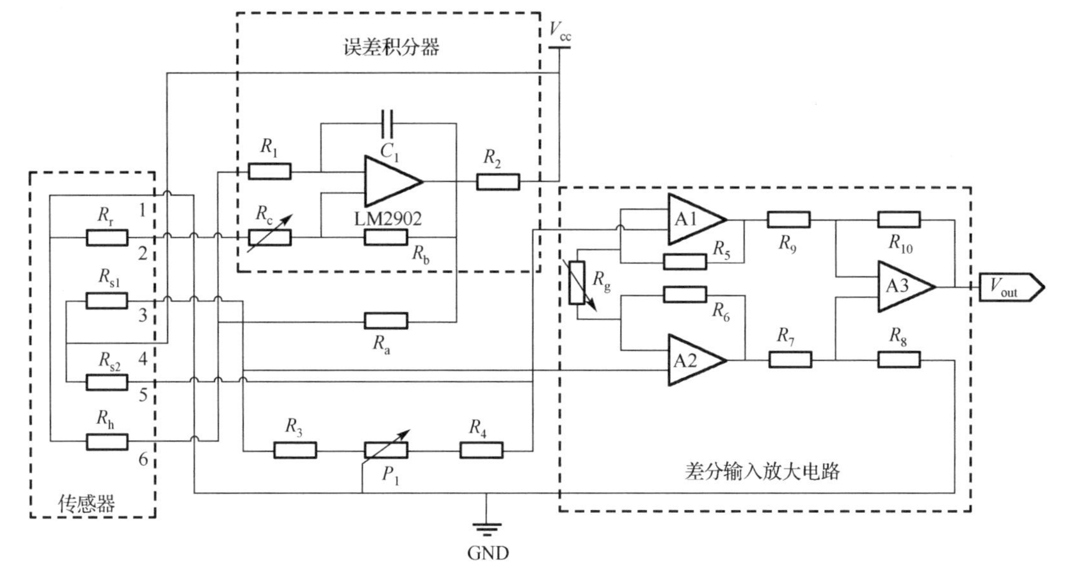

图 3.3　传感器接口电路

其中，加热控制电路中组成误差积分器的运算放大器为仙童公司生产的 LM2902，它具有四个独立、高增益和内部频率补偿的放大器，供电电压范围为 3～32V，可在单电源供电的电路中使用，本电路只用到了其中一个。加速度检测电路中的差分输入仪表放大器是由德州仪器公司生产的型号为 INA128 的放大器，通过调节可变电阻 R_g 的大小来调整对输出信号的放大。

3.2　MEMS 惯性传感器读出电路

由于 MEMS 惯性传感器(包括 MEMS 电容式加速度计和 MEMS 微机械陀螺仪)都涉及对微小电容的检测(aF 级)，其接口电路的设计和放大电路的设计对信号精度有很大的影响。从电路噪声消除方法的角度出发，电容式传感器接口电路的设计主要分为两个方向：连续时间处理电路和离散时间处理电路。

图 3.4 为 2002 年卡内基・梅隆大学设计的连续时间处理电路[2]，该方法避免了采样电路的噪声交叠，采用斩波稳定技术消除了低频噪声，优化了输入放大器的电容匹配，采用全差分结构抑制共模干扰，利用微分差分放大器消除传感器失调及电路失调，采用直流偏置开关复位的方法减小敏感电极处的电荷积累效应。其机械灵敏度为 0.4fF/g，传感器噪声为 $50\,\mu g/\sqrt{\text{Hz}}$。但是该电路结构有如下缺点：

敏感电极的寄生电容对整体电路灵敏度影响较为严重，只能适合表面工艺的微机械结构，寄生电容过大，不适合体硅工艺的电容结构。

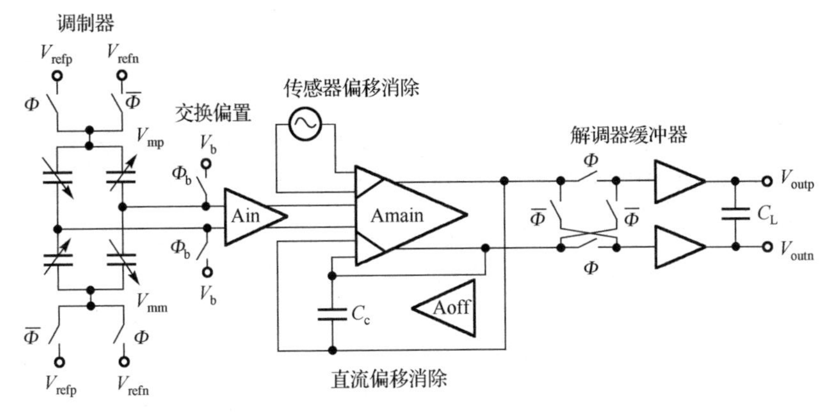

图 3.4　卡内基·梅隆大学设计的连续时间处理电路

图 3.5 是加利福尼亚大学伯克利分校 2000 年提出的一种采用表面加工工艺制作的单片集成 z 轴微机械陀螺仪的检测电路[3]。该微机械陀螺仪采用 2μm 的 CMOS 工艺和 2.25μm 多晶硅器件结构，其信号检测电路为连续时间差分检测方式，包含一个片上模数(A/D)转换，并采用相关双取样来抑制 $1/f$ 和 KT/C 噪声、偏移、开关电荷注入及采样误差，该电路能抑制 0.02 的位移偏差。在 5V 单电源供电和一个大气压工作条件下，分辨率为 3(°)/(s·$\sqrt{\text{Hz}}$)，输入范围为 7000(°)/s，功耗为 50mW。

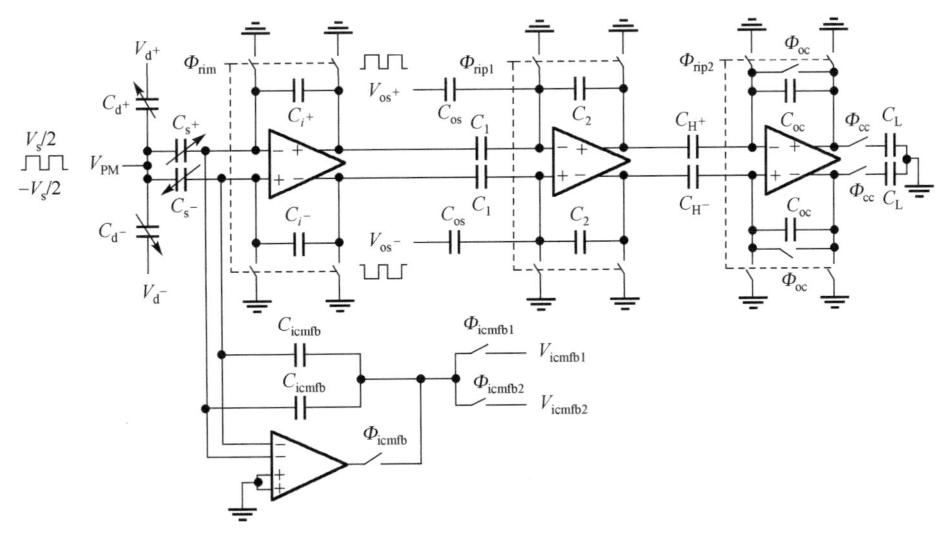

图 3.5　加利福尼亚大学伯克利分校单片集成陀螺仪的检测电路

2002 年加利福尼亚大学伯克利分校报道了另一种框架式振动微机械陀螺仪的检测方式，采用高频正弦波作为调制信号，利用全差分积分器将电容变化信号转换成电压变化信号[4]，该方法的优点为正弦驱动信号在解调时的噪声混叠小于方波驱动，且正弦驱动信号在放大电路后的相位偏差小于方波驱动，有利于解调。该方案的缺点在于高频率稳定性、高幅值稳定性的正弦信号源的建立比较困难。

离散时间处理电路的典型代表为密歇根大学 2006 年提出的Σ-Δ结构微加速度计[5]。如图 3.6 所示，电路中包含开关电容电荷敏感放大器、数字反馈(比较器、数字补偿器)、时钟产生器、启动电路。采用两个固定参考电容与敏感电容一起构成平衡式全桥电路，接口电路中采用相关双采样电路消除 $1/f$ 噪声、放大器失调，补偿放大器的有限增益。其接口电路的动态范围为 120dB，最小分辨电容小于 10aF，5V 电压供电，灵敏度 960mV/g，开环噪声为 $1.08\,\mu g/\sqrt{\text{Hz}}$，闭环噪声为 $10\,\mu g/\sqrt{\text{Hz}}$。传感器直接输出数字信号，可与处理器直接相连，免除了外接模数转换器的电路设计。该电路的缺点主要是参考电容需外接调整，不利于批量生产。

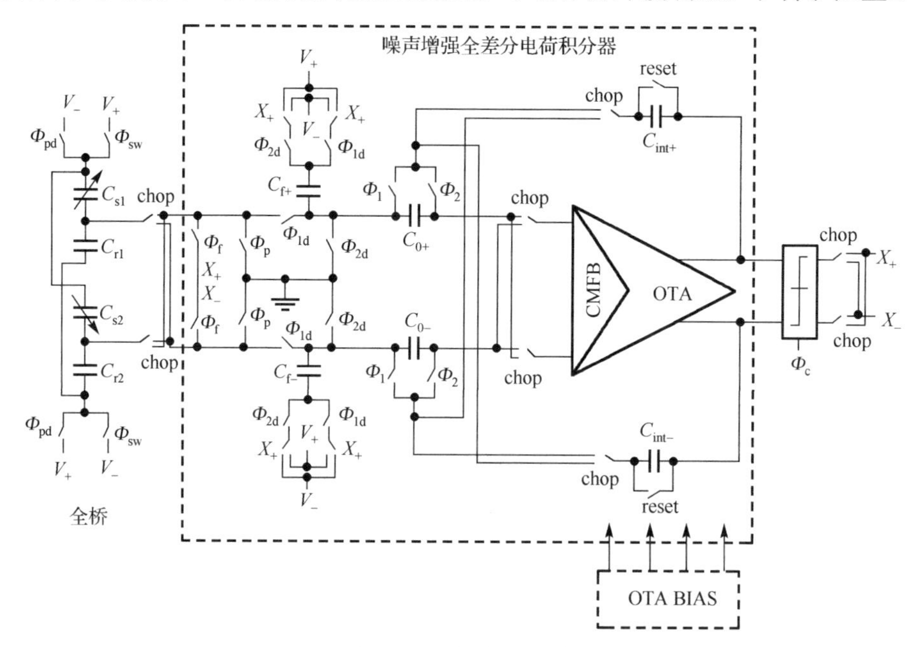

图 3.6　密歇根大学的Σ-Δ型接口电路

3.3　电容式 MEMS 麦克风读出电路

电容式 MEMS 麦克风根据输出信号的类型可分为模拟麦克风和数字麦克风，模拟麦克风芯片的输出信号为模拟信号，它主要应用在中低端产品及一些特殊的设备中。数字麦克风随着电子技术的迭代，市场份额也逐渐增加，增长速度也远超过模拟麦克风。消费领域的 MEMS 麦克风芯片的信噪比一般要达到 60dB 以上，灵敏度在–42dBV/Pa。无论是模拟麦克风还是数字麦克风，功耗和噪声是电路部分最为重要的指标，也是集成电路领域一直关注的问题。下面介绍电容式 MEMS 麦克风接口电路的模拟部分与数字部分的主要模块。

电容式 MEMS 麦克风接口电路的原理是将电容式 MEMS 麦克风接收到的外界声压激励下极板产生微弱的电容变化值转化为电路中电流的变化值，从而得到随声压变化的电信号。

如图 3.7 所示，模拟电路包含的电路子模块主要有电荷泵、稳压器、前置放大器、带隙基准。模拟电路是传统的 MEMS 麦克风读出电路，MEMS 麦克风模拟电路设计的难点包括可靠、稳定的偏置电压源，读出电路的低噪声性能，整体电路的信号完整性。

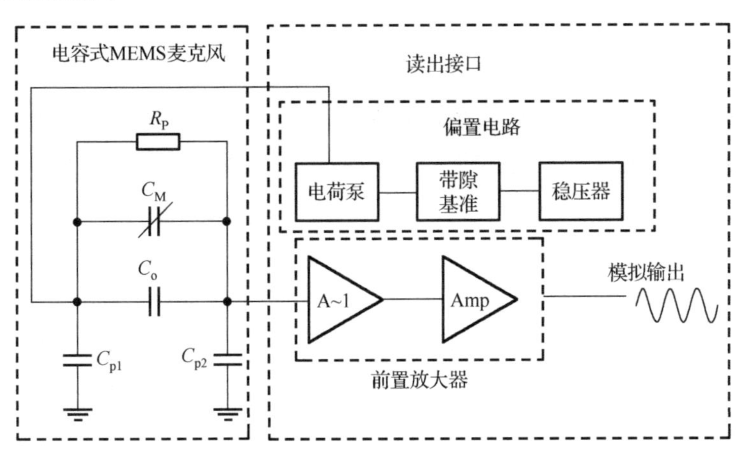

图 3.7　MEMS 麦克风模拟电路的具体模块

MEMS 偏置端和电荷泵的输入端都需要一个非常稳定的输入电压，它影响整个电路的工作状态及信号完整性。由于电容式 MEMS 麦克风的输出信号非常微弱，这种小信号电路就更加要求极低的噪声水平。电容式 MEMS 麦克风的直流偏置由偏置电路模块提供，交流信号由前置放大电路模块读出，其中偏置电路模块包括电荷泵、带隙基准、稳压器。

带隙基准的主要作用是建立一个与电源和工艺无关、具有确定温度特性的直流电压或电流，要实现基准电压源所需解决的主要问题是如何提高其温度抑制与电源抑制，即如何实现与温度有确定关系且与电源基本无关的结构。由于在现实中半导体几乎没有与温度无关的参数，因此只有找到一些具有正温度系数和负温度系数的参数，通过合适的组合，才可以得到与温度无关的量，且这些参数与电源无关[6]。产生的基准电压提供给电荷泵电路模块，产生的基准电流提供给整个电路芯片，典型电路结构如图 3.8 所示。

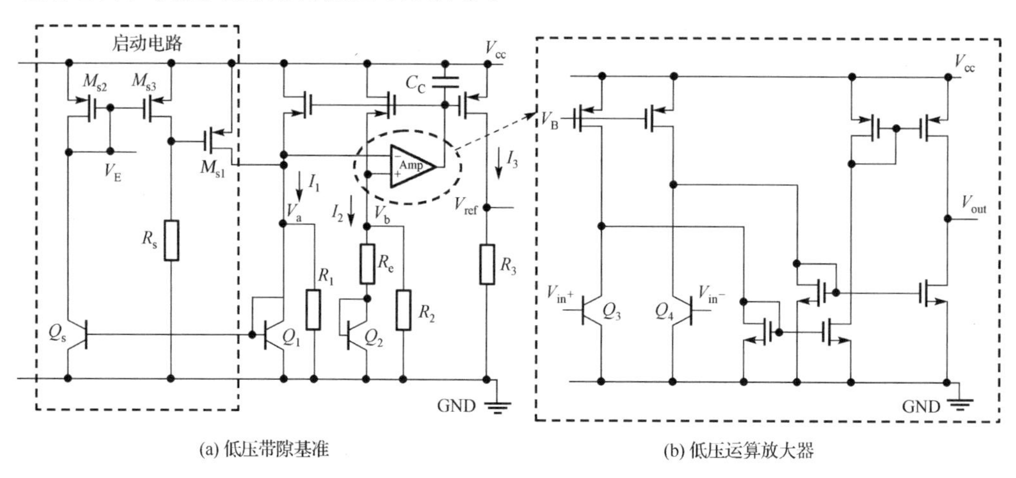

图 3.8　带隙基准电路

由于电容式 MEMS 麦克风的偏置电压会达到 15V 左右，且需要一个稳定的电压源，电荷泵模块可以将基准电压升压至麦克风所需要的偏置电压。典型的电荷泵(如 Dickson 电荷泵)利用一些开关元件来控制连接到电容的电压。例如，可以配合两个阶段的循环，用较低的输入电压产生较高的脉冲电压输出。在循环的第一阶段，电容连接到电源端，因此充电到和电源相同的电压，在第一阶段会调整电路组态，使电容和电源电压串联。若不考虑漏电流的效应，也假设没有负载，其输出电压会是输入电压的 2 倍(原始的电源电压加上电容两端的电压)。较高输出电压的脉冲特性可以用输出的滤波电容来滤波[7]。

前置放大电路模块包括源跟随器电路和运算放大器。源跟随器的作用是减小接口电路对麦克风本身灵敏度的影响，稳定电容式 MEMS 麦克风输出信号，典型结构如图 3.9 所示。运算放大器将源跟随器输出的电容式 MEMS 麦克风信号进行放大，性能要求是低噪声、高增益、较强的驱动能力，典型结构如图 3.10 所示。放大器的输入级是差分结构的折叠式共源共栅放大器，有较高的增益、共模抑制比，具有很强的抗干扰能力，采用金属氧化物半导体(metal oxide semiconductor，MOS)管做电阻，能提高电源电压抑制比；输出级采用以 N 型金属氧化物半导体(N-metal oxide semiconductor，NMOS)管为负载的共源放大器，在提高增益的前提下能增大输出摆幅；偏置电路为镜像电流源结构，为运算放大器晶体管提供合适的工作电压。运算放大器保证了直流工作点，增大了第二级放大器输入管的跨导，提高了增益和次级点的频率，从而提高相位裕度，增强稳定性[8]。

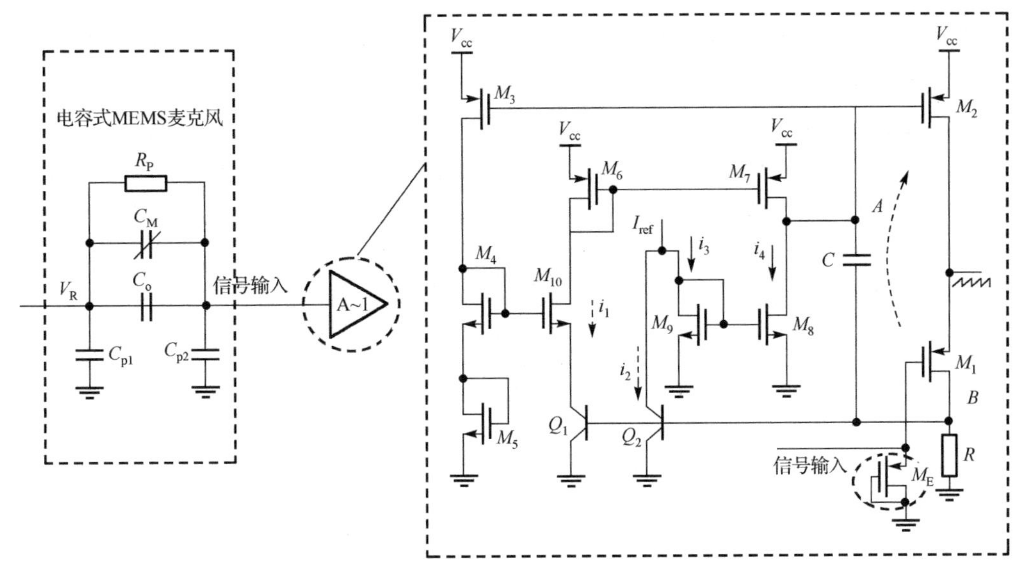

图 3.9 源跟随器电路

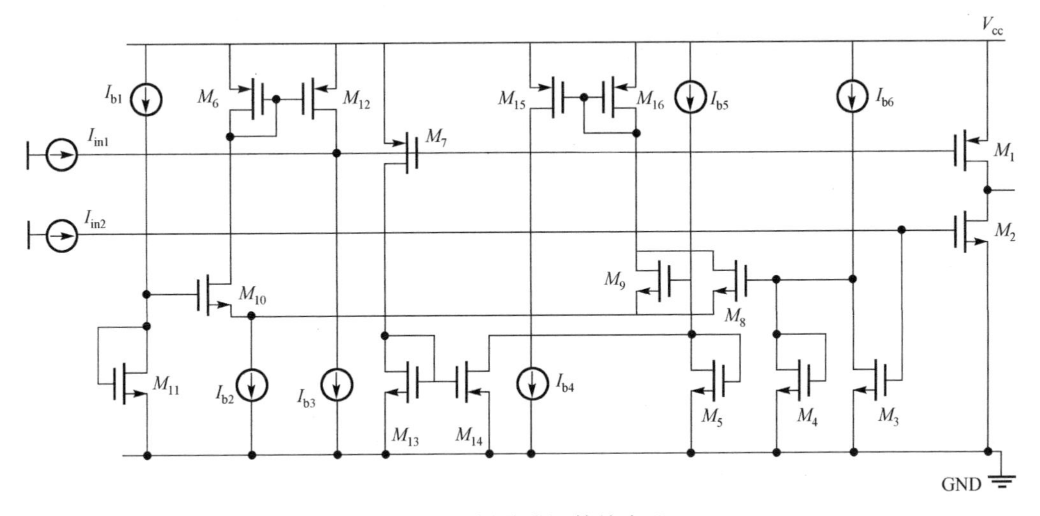

图 3.10 折叠式运算放大器

3.4 压电式微机械超声换能器读出电路

传统的超声成像系统的典型系统框图如图 3.11 所示。在发射(TX)侧，波束形成芯片、高压(HV)脉冲发生器和高压电源的组合用于驱动换能器阵列；在接收(RX)侧，带有高压隔离开关的专用前端电路可防止任何 TX 馈通，前置放大器和模数转换器(analog to digital converter，ADC)用于放大和数字化数据，以便对接收到的回波进行数字处理。这种传统超声成像系统过度依赖高压电子设备。为了补偿高路径损耗，传统超声换能器通常用高压脉冲驱动，这极大地增加了系统复杂性。此外，对高压的需求也会引起其他问题，例如，变压器或电感器之类的无源元件很难直接构建在芯片上；缺乏高效的高压驱动电路可能会使系统非常耗电；与低压部分的接口变得复杂。

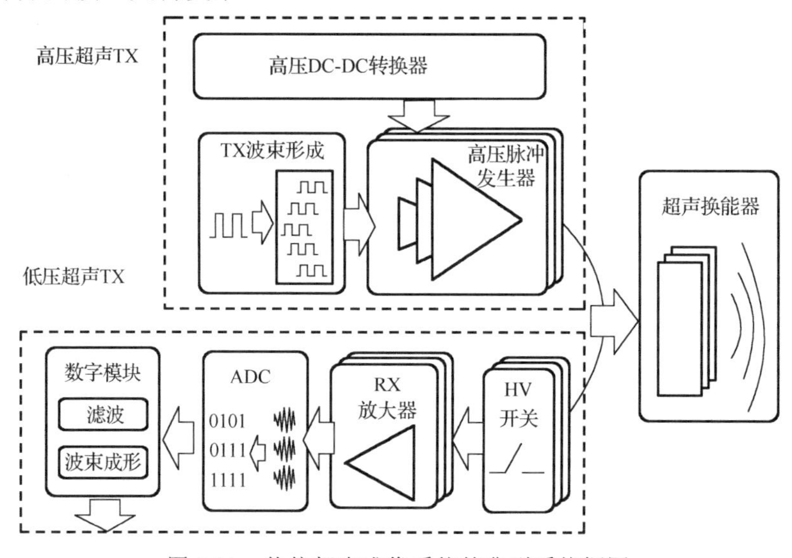

图 3.11　传统超声成像系统的典型系统框图

相比较而言，异构集成 pMUT 阵列和 CMOS 读出电路的微型超声系统能够克服上述困难。下面将以一种三维超声波指纹芯片传感器为例，重点介绍 pMUT 阵列的读出电路设计。

加利福尼亚大学伯克利分校的 Boser 教授和加利福尼亚大学戴维斯分校的 Horsley 教授合作研发了一种完全集成的超声波指纹芯片传感器[9]，其通过晶圆键合 MEMS 和 CMOS 晶圆实现，以实现紧凑的尺寸、高信号度和低功耗。利用 pMUT 阵列可显著降低 24V 的驱动电压要求，并可在高达 380 帧/s 的速度下实现高速运行，从而在高安全性应用中实现连续识别。该传感器的架构如图 3.12 所示，省略了一些细节以突出经过晶圆级键合的 MEMS 器件和 CMOS 电路。它包括一个基于 AlN 压电薄膜的 pMUT 阵列和一个采用 180nm CMOS 工艺制造的定制读出接口电路，并具有 24V 高压晶体管选项。MEMS 换能器和 CMOS 电路在分离的晶片上制造，每个 MEMS 裸片由 110×56 矩形 pMUT 组成，其间距为 43μm 和 58μm，分别对应于 582dot/in 和 431dot/in(每英寸点数，dpi)分辨率，并由 250μm 聚二甲基硅氧烷(polydimethylsiloxane，PDMS)层[10]作为耦合层覆盖，现场可编程逻辑门阵列(field programmable gate array，FPGA)控制器、ADC[11]和 24V 电源都设置在片外。

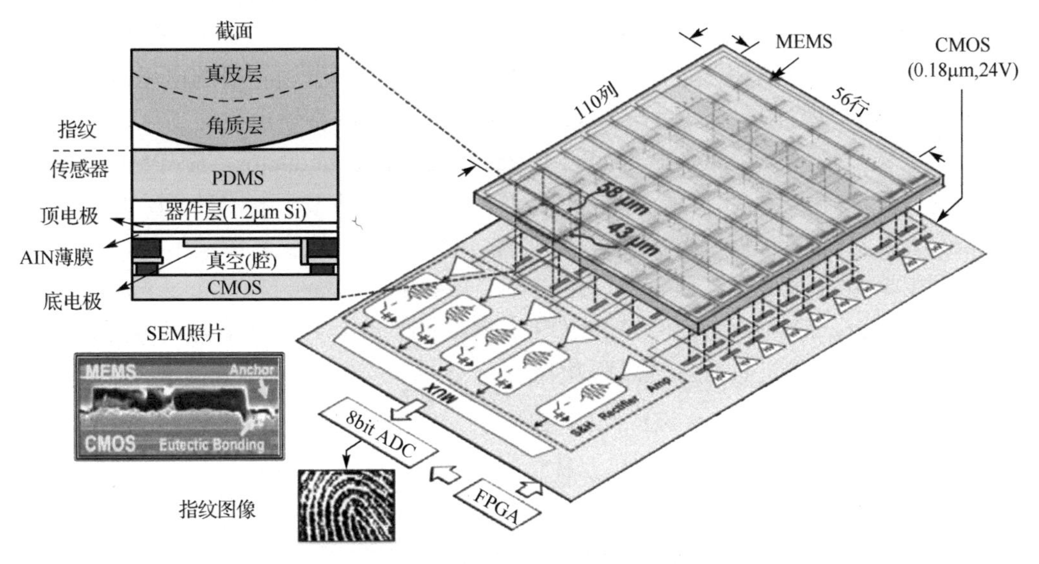

图 3.12　指纹传感器的三维渲染图

MEMS 和 CMOS 晶圆是共晶键合的[12]。每个传感元件中的锚固件为 ASIC 上的前端电子器件提供机械支撑和电连接。一列中 56 个换能器的顶部电极连接到位于 ASIC 边缘的共用高压驱动器。在接收端，直接数字化超过 6000 像素的原始数据将消耗过多的功率。因此，信号解调在芯片上的模拟域中执行。由于读出是列顺序的，因此一行中的所有像素共享一个解调器。解调器输出由采样/保持(S/H)电路保持，并通过多路复用器(multiplexer，MUX)读出，用于片外数字化。Opal Kelly FPGA[13]提供 ADC 和计算机之间的数字控制和数据传输。

1. 将高压和低压电子设备与 pMUT 连接

超声换能器的低转换率促进了高压驱动脉冲发生器的有效设计。然而，高压晶体管伴随着几皮法的寄生效应，该寄生效应导致信号显著衰减[14]。由于每个 pMUT 的并联电容仅为 35fF，因此即使是 1pF 的并联寄生电容也会因信号共享而将信号衰减为原来的约 1/30。将 pMUT 作为二端口器件工作，将驱动(高压)和接收(低压)端口分开，避免了这种衰减。高压驱动器连接到 pMUT 的共用顶部电极作为驱动端口，而底部电极用于接收。在发送阶段，列中的每个 pMUT 的底部电极通过低压接收开关接地，因此在接收端口处，低压前端与高电压隔离。低压接收开关由具有小寄生效应的低压晶体管实现。在接收阶段，顶部电极通过高压驱动器接地和低压发射开关打开。由于来自高压电路的寄生电容 C_{pTX} 有效地短路，因此不会导致信号衰减。

2. 高压驱动器

用于这项工作的工艺中的高压晶体管是横向扩散金属氧化物半导体(laterally-diffused metal oxide semiconductor，LDMOS)，它可以承受高达 24V 漏极电压(V_{ds})但只能承受 3.3V 栅极电压(V_{gs})。图 3.13 显示了使用基于锁存器的电平转换器的高压驱动器的电路图，该电平转换器具有限压开关，以将输出级的高压 P 型金属氧化物半导体(high-voltage P-channel metal oxide semiconductor，HVPMOS)上的栅极摆幅限制为大约 0.8V。输出缓冲器的大小可以驱动整个 pMUT 列，总电容约为 2pF，最大输出电流约为 10mA，以确保 14MHz/24V 轨到轨驱动波形。非重叠波形发生器电路将高压 N 型金属氧化物半导体(high-voltage N-channel metal oxide semiconductor，HVNMOS)和 HVPMOS 上栅极控制的上升沿和下降沿分开，从而消除了开关瞬变期间的消弧电流和功耗。

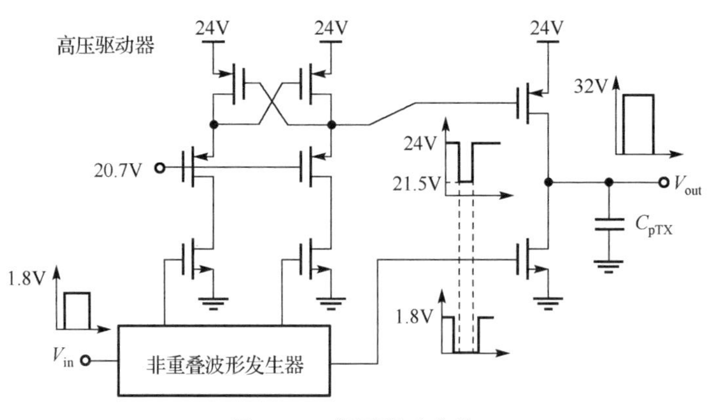

图 3.13　高压驱动电路

3. 接收器前端

在 56 个相同行之中，为了减少串扰，采用差分架构，将所选 pMUT 像素与阵列边缘的复制品配对。复制品具有相同的寄生效应，但没有机械释放，因此对声学输入不敏感。为了形成差分对(图 3.14)，可以使用从复制到一行中 110 个 pMUT(10 组×11 像素/组)的直接复用，但是连接到像素的 110 个开关会导致大的电容负载。相反，一行中的像素被分成 10 组，每组有 11 个像素。开关 S_{1a} 选择像素，S_{1b} 是最靠近所选像素的阵列边缘的复制品，S_{2b} 控制由复制品构成的像素组。S_{2a} 用于平衡差分对两侧的负载，分别由差分对左侧的 10 个 S_{2b} 和 2 个 S_{1b} 以及右侧的 11 个 S_{1a} 和 1 个 S_{2a} 组成。当前源加载由组中的所有像素共享。最后，通过将输出电压连接到前两个晶体管来完成共模反馈。

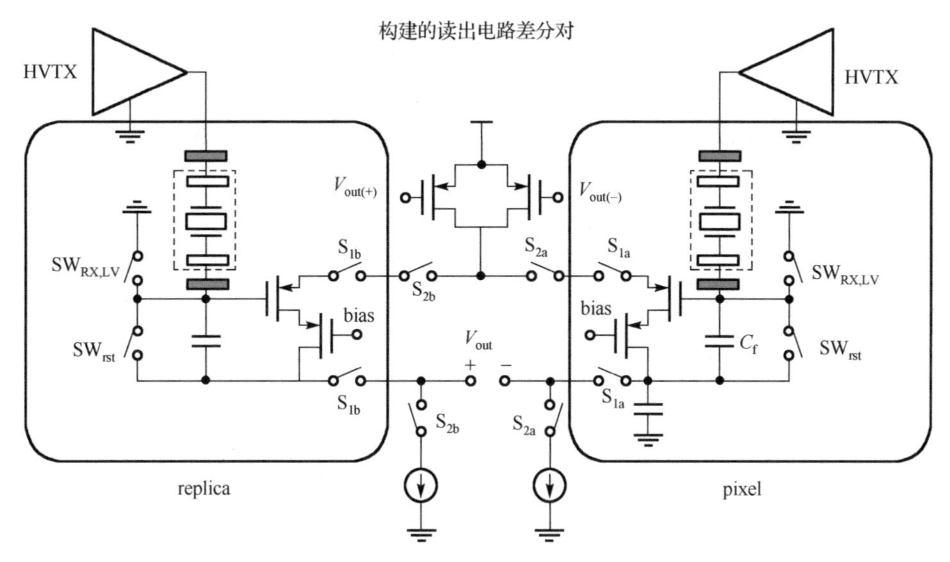

图 3.14　56 个相同行之一的像素读出电路的电路图

4. 接收器增益链

前端的输出由缓冲电路放大，增益为 10dB，并在一组中共享。前端缓冲器的输出传递给另外 2 个闭环放大器，每个放大器在解调器模块内各有 12dB 增益，由一行中的像素共享。因此，输入参考噪声由前端放大器和缓冲电路控制，包括前端后增益链的噪声贡献，输入参考积分噪声为 46μV，比预期的最小信号小约 18dB：内部脊回波 340μV。在前端的复位信号之后，每个放大器的复位开关连续关断，延迟为 10ns，以存储来自级间耦合电容 C_{int} 上的每级的偏移。每级放大器的 3dB 转角频率设计为 20MHz，以降低 20MHz 以上的噪声，从而降低在解调时折叠到基带中的噪声。

参 考 文 献

[1] Johnson R G, Higashi R E. A highly sensitive silicon chip microtransducer for air flow and differential pressure sensing applications[J]. Sensors and Actuators, 1987, 11: 65-68.

[2] Wu J. Sensing and Control Electronics for Low-Mass Low-Capacitance MEMS Accelerometers[D]. Pittsburgh: Carnegie Mellon University, 2002.

[3] Palaniapan M. Integrated surface micromachined frame microgyroscopes[D]. Berkeley: University of California, 2002.

[4] Amini B V, Abdolvand R, Ayazi F. A 4.5-mW closed-loop micro-gravity CMOS SOI

accelerometer[J]. IEEE Journal of Solid-State Circuit, 2006, 41: 2983-2991.

[5] Wang J, Xia X, Li X. Monolithic integration of pressure plus acceleration composite TPMS sensors with a single-sided micromachining technology[J]. Journal of Microelectromechanical Systems, 2012, 21(2): 284-293.

[6] 陈庆南. MEMS 麦克风读出电路设计[D]. 西安: 西安电子科技大学, 2018.

[7] 江金光, 王耀南. 高精度带隙基准电压源的实现[J]. 半导体学报, 2004, 25(7): 852-857.

[8] Jenne F. Substrate Bias Circuit[P]: US, Patent 3794862A, 1974.

[9] Analog Devices[EB/OL]. http://www.analog.com/media/en/technical-documentation/data-sheets/AD9212.pdf [2016-04-04].

[10] Tsai J M, Daneman M, Boser B E, et al. Versatile CMOS-MEMS integrated piezoelectric platform[C]. The 18th International Conference on Solid-State Sensors, Actuators and Microsystems, 2015: 2248-2251.

[11] Kelly O. XEM6010-LX45[EB/OL]. https://www.opalkelly.com/products/xem6010[2016-04-04].

[12] Rotella F M, Ma G, Yu Z, et al. Modeling, analysis, and design of RF LDMOS devices using harmonic-balance device simulation[J]. IEEE Transactions on Microwave Theory and Techniques, 2000, 48(6): 991-999.

[13] Tang H, Lu Y, Feng S, et al. Pulse-echo ultrasonic fingerprint sensor on a chip[C]. The 18th International Conference on Solid-State Sensors, Actuators and Microsystems, 2015: 674-677.

[14] Moghe Y, Lehmann T, Piessens T. Nanosecond delay floating high voltage level shifters in a 0.35m HV-CMOS technology[J]. IEEE Journal on Solid-State Circuits, 2011, 46(2): 485-497.

第 4 章　信号调理电路

微传感器从外界获取、感知到声、光、电、温度等各种形式的物理量后，通过信号读出电路将其转化成电压或者电流信号。此时得到的电压或者电流信号虽然已不是最原始的物理量，但是通常这些信号的幅值变化很大(动态范围很大)，而且这些信号中很有可能夹杂着很多人们不需要或者不希望检测到的信号(如噪声、工频干扰等)。因此，从读出电路获得的信号需要进行进一步调理，将信号幅值进行放大或缩小，去除不必要的噪声或有用信号频带外的信号，从而获得一个幅值和频率合适、具有高信噪比的“干净”信号。本章在 4.1 节介绍常用的仪用运算放大器，以及去除信号噪声和放大器失调的信号放大电路，在 4.2 节介绍滤波电路。

随着传感器微型化、智能化的发展，很多时候人们还需要将获得的模拟信号转换成数字信号，再将其交给微处理器进行下一步的处理。因此，在 4.3 节介绍模数转换电路。

4.1　放 大 电 路

运算放大器(operational amplifier，OA)，简称运放，是模拟集成电路中最为基本的模块之一，它可以将信号放大或缩小。基于运算放大器可以完成阻抗变换、频率变换，或者设计各种基于运算放大器的模拟、数模混合集成电路。

在微传感器系统中，进行信号放大的常用结构为仪用运算放大器，它由三个运算放大器组成，应用也最为广泛。然而，这种结构只进行简单的信号放大。在实际获得的传感信号中还带有噪声和其他干扰信号，运算放大器本身也会带来噪声，如果运用不当，反而在使用了运算放大器后会增加噪声，降低信噪比。设计好的集成运算放大器在生产制造后，由于晶体管或者电路的非对称性等还会导致运算放大器失调电压的存在，其幅值可能比被检测信号幅值还大，导致无法检测到有用信号，或者在运算放大器输出中无法获得真实的信号。因此，本节主要围绕噪声和运算放大器失调的消除或减弱，介绍运算放大器的设计思路。

4.1.1 仪用运算放大器

图 4.1 是一个传感接口电路的一部分，惠斯通电桥用于检测电阻的变化并将其转化成电压信号，仪用运算放大器(instrument amplifier，IA)用于将检测到的电压信号放大。高精度、低失调、低噪声的仪用运算放大器是保证传感器精度的关键环节。

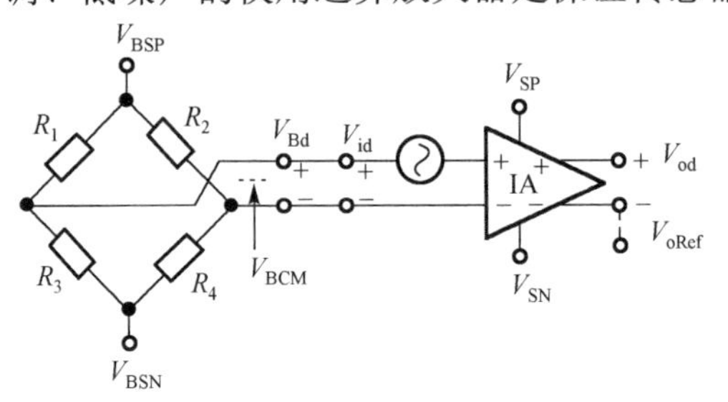

图 4.1　使用惠斯通电桥和仪用运算放大器的传感接口电路

最常使用的仪用运算放大器结构是如图 4.2 所示的三个运算放大器结构，运算放大器 OA_2 和 OA_3 组成两个同相放大电路，总的差模增益为

$$A_V=-\frac{(R_{21}+R_{22}+R_{23})R_{12}}{R_{11}R_{21}} \tag{4.1}$$

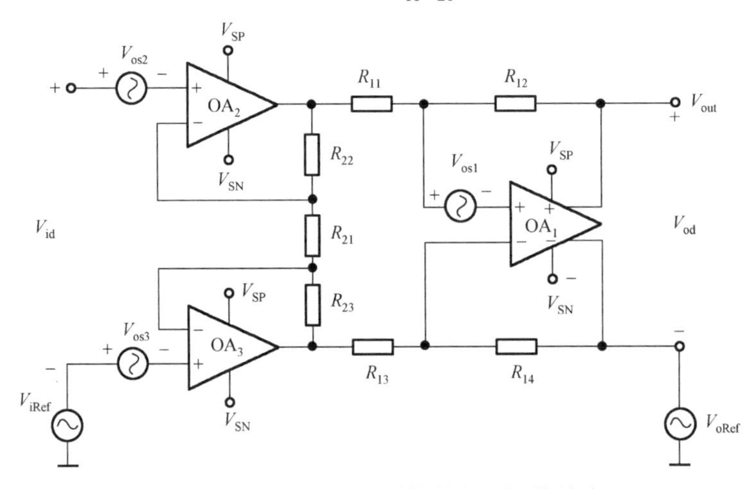

图 4.2　三个运算放大器结构的仪用运算放大器

若这些电阻完全匹配，则仪用运算放大器的共模增益为零。然而，在实际应用中，电阻的误差会导致非理想的共模增益，此时的共模抑制比(common mode rejection ratio，CMRR)为

$$\text{CMRR}=\frac{R}{\Delta R}A_V \tag{4.2}$$

其中，$\Delta R/R$ 是电阻的相对误差。在很多传感器应用中，共模输入信号通常是一个大信号(如图 4.1 中的 V_{BCM})，从而使得运算放大器的输出有一个很大的共模信号，甚至会导致运算放大器进入饱和状态。一种避免共模增益的方法是采用电流反馈型仪用运算放大器。

图 4.3 是一个电流反馈型仪用运算放大器[1]，对输出信号 V_{o} 进行取样，并用跨导型放大器 G_{m22} 转换成电流信号后，与经过跨导型放大器 G_{m21} 转换成电流信号的输入信号进行叠加，再经过放大器 G_{m1} 放大后输出。其增益为

$$A_{\mathrm{V}}=\frac{G_{\mathrm{m21}}}{G_{\mathrm{m22}}}\frac{R_2+R_1}{R_1} \tag{4.3}$$

若两个跨导型放大器 G_{m22} 和 G_{m21} 设计成一样，则仪用运算放大器的增益可以进一步简化。这样，运算放大器的共模抑制比主要依赖于跨导的比值，从而实现更大的共模抑制比。图 4.4 是一个简单的电流反馈型仪用运算放大器的实现电路。

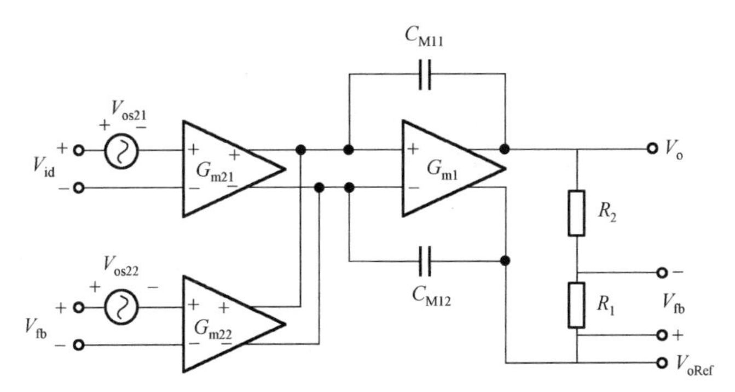

图 4.3　电流反馈型仪用运算放大器

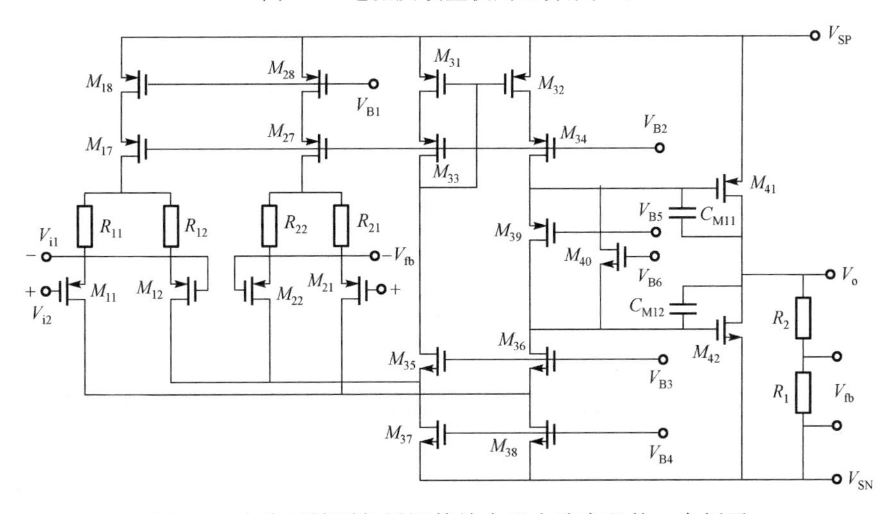

图 4.4　电流反馈型仪用运算放大器电路实现的一个例子

4.1.2 噪声源

根据噪声形成机制不同，可将噪声分成热噪声、散粒噪声和闪烁噪声三种类型[2]。

热噪声是由导体中电荷的热运动而产生的。电阻会产生热噪声，其噪声功率 $\overline{e_n^{\ 2}}$ 可以表示为

$$\overline{e_n^{\ 2}} = 4kTR\Delta f \tag{4.4}$$

其中，e_n 为其对应的噪声电压，k 是玻尔兹曼常量（$k = 1.38\times10^{-23}$J/K），R 为产生热噪声的噪声源电阻，T 为热力学温度，Δf 为测量带宽。当 R = 1kΩ、Δf = 1Hz、T = 300K 时，e_n 约为 4nV，通常将这一数值作为计算热噪声电压的基数。热噪声与频率无关，因此又常将 $4kTR$ 称为噪声电压频谱密度。对于固定阻值的电阻，噪声电压频谱密度为常数，因此热噪声是一种白噪声。

MOS 管也有热噪声，主要由沟道电阻产生。对于工作在饱和区的长沟道 MOS 管，沟道噪声可以用一个连接在源极和漏极之间的电流源 I_n 表示，即

$$\overline{I_n^2} = 4kT\gamma g_m \tag{4.5}$$

其中，γ 约为 2/3，g_m 为 MOS 管的跨导。

从微观角度看，电流是载流子定向运动产生的，载流子的随机起伏会导致电流的统计涨落，也就是噪声，这就是散粒噪声，可以表示为

$$\overline{i_n^2} = 2qI_{dc}\Delta f \tag{4.6}$$

其中，q 是电子电量（$q = 1.602\times10^{-19}$C），I_{dc} 是直流电流值。散粒噪声与热噪声一样，频谱密度平坦。对于 MOS 管，散粒噪声主要出现在栅极，对于双极型晶体管，散粒噪声出现在基极和集电极。

当电流流过具有陷阱、晶格缺陷的导体时会产生闪烁噪声，其功率谱与频率成反比，故也称为 $1/f$ 噪声。$1/f$ 噪声与导体表面缺陷有关，MOS 管的 $1/f$ 噪声通常表示为一个与栅极串联的电压源 V_n，即

$$\overline{V_n^2} = \frac{K}{C_{ox}WL}\frac{1}{f} \tag{4.7}$$

其中，K 是一个与工艺相关的参数。通常用转角频率 f_c 来量化 $1/f$ 噪声与热噪声之间的关系。转角频率是指 $1/f$ 噪声与热噪声相交处对应的频率，如图 4.5 所示。

对于 MOS 管，根据 $1/f$ 噪声和热噪声的表达式，可以推导出转角频率 f_C 为

$$f_C = \frac{K}{C_{ox}WL}g_m\frac{3}{8kT} \tag{4.8}$$

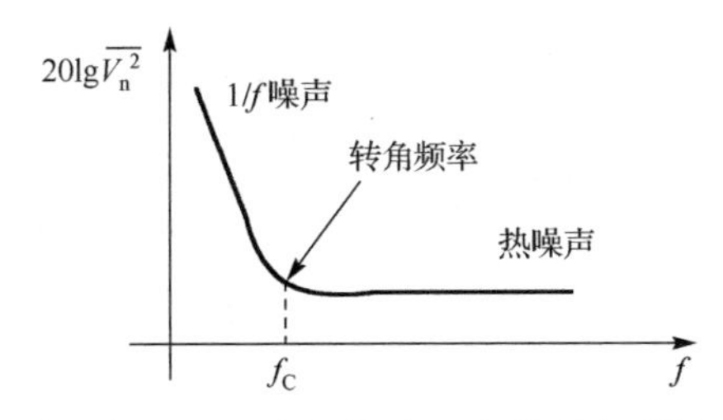

图 4.5　热噪声和 1/f 噪声相等时对应的频率(转角频率 f_C)

这些噪声可能出现在电路的各个环节，为了公平地反映一个电路的噪声特性，通常将噪声在电路的输入处进行等效，称为“输入参考噪声”。输入参考噪声乘上增益可以得到输出参考噪声。如图 4.6 所示，将输入电压参考噪声和输入电流参考噪声提取到电路的输入端口后，剩下一个无噪声的电路，便于分析和比较。

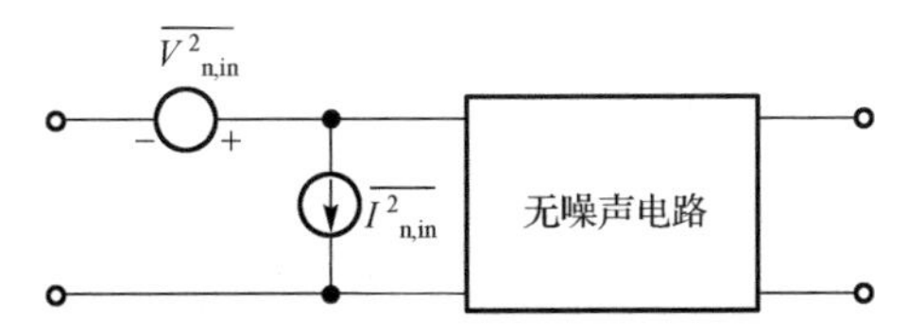

图 4.6　将噪声从电路分离后的电路模型

4.1.3　低噪声放大器设计

在低噪声放大器的设计中，闪烁噪声主要集中在低频处，可以将其与处于直流处的失调电压一起处理，并采用 4.1.4 节的斩波稳定技术来消除。热噪声是一个白噪声，分布在所有频段上，由于频谱混叠等原因去除较为困难。下面主要讨论针对白噪声的低噪声放大器设计问题。

基于单个 MOS 管的基本放大电路主要有共源极、共栅极、共漏极电路三种基本形式。图 4.7 将这三种基本电路的各个元器件产生的热噪声源做了标注，将这些噪声源折算到信号输入端，可以得到各个电路的输入参考噪声[2]。

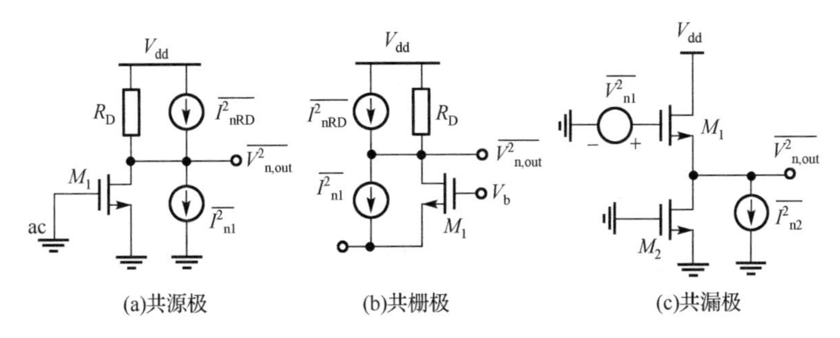

图 4.7　带有噪声源的共源极、共栅极和共漏极电路

如图 4.7(a)所示的共源极放大器，其输入电压参考噪声为

$$\overline{V_{\text{n, in}}^2}=4kT\frac{2}{3g_{\text{m}}}+\frac{K}{C_{\text{ox}}WL}\frac{1}{f}+\frac{4kT}{g_{\text{m}}^2R_{\text{D}}} \tag{4.9}$$

其中，第一项为 MOS 管的热噪声，第二项为 MOS 管的 1/f 噪声，第三项为电阻产生的热噪声。

如图 4.7(b)所示的共栅极放大电路，输入电压参考噪声和输入电流参考噪声分别为

$$\begin{aligned}\overline{V_{\text{n, in}}^2}&=\frac{4kT(2g_{\text{m}}/3+1/R_{\text{D}})}{(g_{\text{m}}+g_{\text{mb}})^2}\\ \overline{I_{\text{n, in}}^2}&=\frac{4kT}{R_{\text{D}}}\end{aligned} \tag{4.10}$$

如图 4.7(c)所示的共漏极放大电路的输入参考噪声为

$$\overline{V_{\text{n, in}}^2}=4kT\frac{2}{3}\left(\frac{1}{g_{\text{m1}}}+\frac{g_{\text{m2}}}{g_{\text{m1}}^2}\right) \tag{4.11}$$

图 4.8 给出了带有噪声的差分对电路，其输入参考噪声(如式(4.12)所示)是共源极放大电路输入参考噪声的 2 倍。尾电流源上的噪声对于差分对是一个共模信号，差分对结构对共模信号有较好的抑制作用，因此尾电流源产生的噪声通常可以忽略。

$$\overline{V_{\text{n, in}}^2}=8kT\left(\frac{2}{3g_{\text{m}}}+\frac{1}{g_{\text{m}}^2R_{\text{D}}}\right)+\frac{2K}{C_{\text{ox}}WL}\frac{1}{f} \tag{4.12}$$

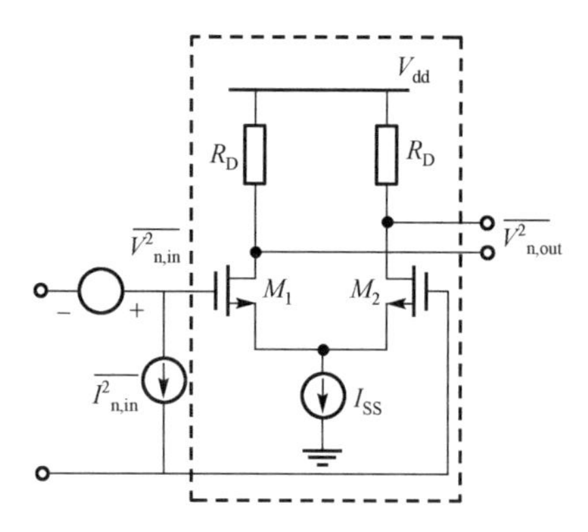

图 4.8　带有噪声源的差分对电路

在进行低噪声放大器设计时，首先应采用低噪声的元件进行设计，这样有助于减小放大器的输入参考噪声。而相同的元件在不同的电路中，对其有不同的设计要求，例如，一个 MOS 管用于放大电压信号时，跨导越大输入电

压参考噪声越低；而 MOS 管作为电流源使用时，跨导越小输入电压参考噪声越小。

其次，在实际应用中，噪声、功耗、增益、面积等各参数之间必须进行折中，例如，在低压、低功耗的微纳传感器设计中，完全依靠增大电流提高跨导从而减小噪声的方法受到了一定的限制。可以用噪声效率因子(noise efficiency factor, NEF)[3]来综合衡量一个系统的噪声性能：

$$\mathrm{NEF}=V_{\mathrm{rms,\,in}}\sqrt{\frac{2I_{\mathrm{tot}}}{\pi U_{\mathrm{T}}4kT\mathrm{BW}}} \tag{4.13}$$

其中，$V_{\mathrm{rms,in}}$是电路的等效噪声，I_{tot}是总电流，U_{T}是热电压，k是玻尔兹曼常量，T是热力学温度，BW 是放大器的 3dB 带宽。

此外，在设计低噪声放大器时，有时需要利用不同的反馈电路结构来减少噪声。图 4.9 给出了四种用于脑神经元信号记录的低噪声放大器结构。脑神经元信号的动作电位(action potential)和局部场电位(local field potential)幅值为 10μV～1mV，频率分别在 250Hz～10kHz 和 1～500Hz，且存在高达±50mV 的直流偏移电压，远大于被检测信号本身。为了避免直流失调电压的影响，大部分低噪声放大器在前端放置电容来隔离直流信号，同时需要把高于被检测信号频率的高频信号滤除，因此类似于一个带通滤波器。

图 4.9(a)是一个开环结构，其高通截止频率由去耦电容 C_{i}和电阻 R_{f}实现，低通截止频率由跨导 G_{m1}的截止频率决定，中频增益由 G_{m1}直接决定。这种结构的 NEF 值由去耦电容 C_{i}决定，因此通常需要较大的 C_{i}电容值。图 4.9(b)是一种电容反馈电路，其高通截止频率由 R_{f}和 C_{f}决定，低通截止频率由跨导放大器 G_{m1}的截止频率决定。文献[4]采用此结构实现了 NEF 的值为 4。图 4.9(c)的反馈环路上采用了一个积分器来实现高通截止频率，其低通截止频率由跨导 G_{m1}决定，其中频增益由 G_{m1}的直流增益决定，不需要与图 4.9(b)一样由两个电容(C_{i}和 C_{f})的比值来决定，因此不需要使用大电容，但是其直流增益容易不稳定。这种结构的 NEF 值比图 4.9(b)所示结构略差，文献[5]中实现的 NEF 值约为 7.5。图 4.9(d)与图 4.9(b)类似，但是在前向通道上增加了一个跨导放大器 G_{m2}，增加了系统设计的自由度。由于在低电源电压工作条件下，图 4.9(b)需要采用折叠式共源共栅跨导放大器结构，而图 4.9(d)中采用两个跨导放大器前后级联结构，不需要使用折叠式共源共栅结构，同时文献[6]采用了两个跨导放大器电流复用技术，从而减小了电流值和 NEF 值，其 NEF 值可小至 2 左右。

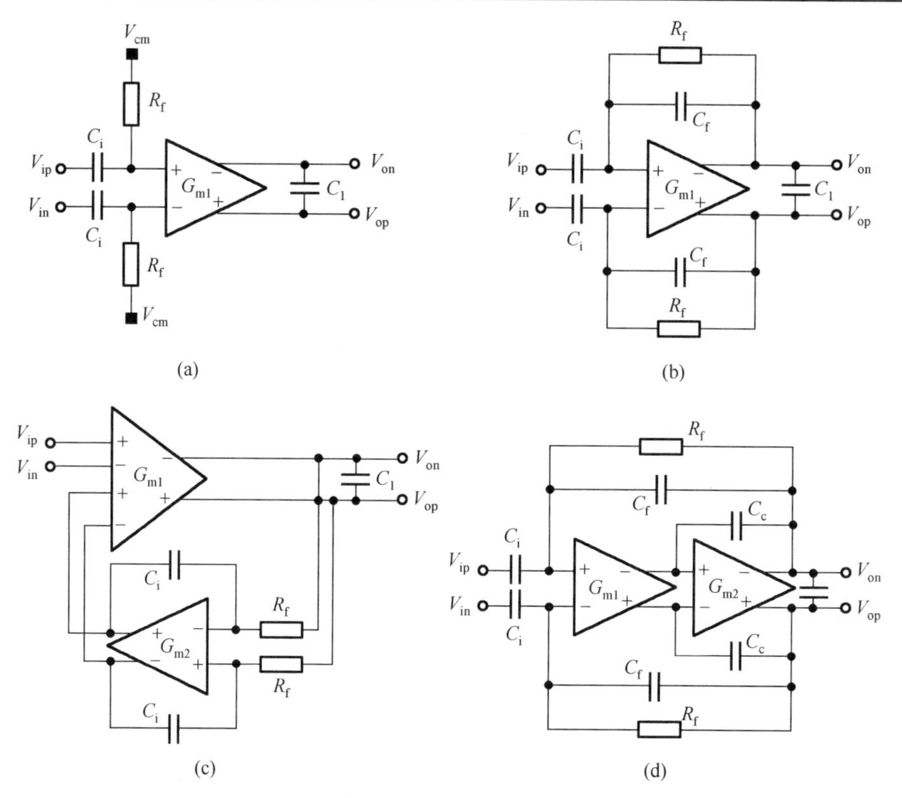

图 4.9　利用反馈电路减小噪声的结构

4.1.4　降低失调和低频噪声的技术

失调电压 V_{os} 通常是由运算放大器内部的不对称引起的直流信号误差，对于 CMOS 管构成的电路，其数量级在毫伏大小，甚至更大。运算放大器在放大微弱变化的传感器输出信号的时候，其差模输入电压很小，通常不仅伴随有很大的共模电压，而且非常容易受噪声和失调的影响。对很多微传感器来说，由于其检测信号主要处在低频端，且信号幅度很小，因此 CMOS 工艺带来的失调和低频 $1/f$ 噪声的存在，对微传感器读出电路的设计提出了巨大的挑战。

目前，降低失调和 $1/f$ 噪声的方法主要有：微调(trimming)技术、自动置零(auto-zeroing)技术和斩波稳定(chopper stabilization)技术[7]。微调技术通常在电路设计完成后，通过细微的调整版图或者外围电路参数来降低失调。但是微调技术无法减小噪声，而且在大批量生产中不容易实现。因此，这里主要介绍自动置零技术和斩波稳定技术。

自动置零技术是对失调和噪声进行采样，然后在运算放大器的输入或输出端将它们从信号的瞬时值中减去，实现对失调和 $1/f$ 噪声的降低，由于其对宽带白噪声是一种欠采样过程，会造成白噪声的混叠，即在降低 $1/f$ 噪声的同时又会增大低频端的白噪声贡献，因此自动置零技术更适用于开关电容等离散信号电路。斩波稳定技术是一种连续时间调制解调方法，将失调和 $1/f$ 噪声调制到高频端，并用低通滤波器滤除，而有用信号经过调制后，又解调至基带。这种技术没有白噪声混叠的缺点，因此更适合在连续时间微传感器读出电路中使用。

1) 自动置零技术

自动置零技术的原理如图 4.10 所示[7]。在采样阶段（Φ_1 时钟），放大器与输入信号断开，放大器的同相和反相输入端短路，输入失调电压和噪声被采样、存储，等待下一个阶段以某种形式在输出中消除；或者将此时的输出直接反馈到一个置零端口 N 将输出失调消除（图 4.10）。在信号放大阶段（Φ_2 时钟），放大器与输入信号连接，实现信号的放大。

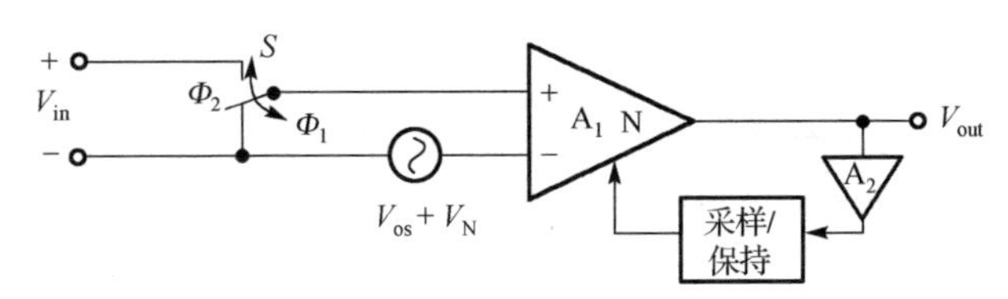

图 4.10　自动置零技术原理图

尽管自动置零技术可以有效降低失调及低频噪声（如 $1/f$ 噪声），但是由于自动置零技术本质上是一种采样技术，因此对于频率大于 1/2 采样频率的噪声信号存在信号混叠问题。例如，对于宽带白噪声，由于采样造成的混叠效应在基带处的噪声叠加可能成为主要的噪声源，折叠到基带内的噪声可以表示为

$$S_{\text{az-white}}(f) \approx S_{\text{fold-white}}(f) = (\pi f_c T_s - 1) S_0 \operatorname{sinc}^2(\pi f T_s) \tag{4.14}$$

其中，S_0 为运算放大器的白噪声，f_c 为运算放大器的截止频率，T_s 为采样电路的采样周期。

对于 $1/f$ 噪声，如果转角频率为 f_C，其噪声简单表示为

$$S_{\text{N-1/}f}(f) = \frac{S_0 f_C}{|f|\left(1+\dfrac{f}{f_c}\right)} \approx \frac{S_0 f_C}{|f|} \tag{4.15}$$

尽管 $1/f$ 噪声大部分集中在低频处，通过采样可以被去除，但是在采样的过程中，高频部分仍然会被折叠进基带中。假设运算放大器截止频率是采样频率的 5 倍，同时 $1/f$ 噪声转角频率等于采样频率，那么折叠进基带的噪声可以表示为

$$S_{\text{fold-1}/f}(f) \approx 2S_0 f_{\text{C}} T_{\text{s}}\left[1+\ln\left(\frac{2}{3}f_{\text{c}}T_{\text{s}}\right)\right]\text{sinc}^2(\pi f T_{\text{s}}) \tag{4.16}$$

比较折叠进基带的白噪声和 1/f 噪声的表达式可知，式(4.14)比式(4.16)更大，因为式(4.14)中 $f_{\text{c}}T_{\text{s}}$ 变量在式(4.16)中经过取对数运算后的值变小了。

2)斩波稳定技术

自动置零技术虽然可以将失调和低频噪声去除，但是在采样过程中引入了高频混叠，导致基带内的噪声仍然没有完全去除。另一种去除低频噪声的方法是斩波稳定技术。斩波稳定技术是用一个交流调制信号将低频噪声和失调电压调制到高频，再经滤波处理来消除其影响。斩波稳定技术原理如图 4.11 所示[7]。V_{in} 和 V_{out} 分别是输入信号电压和输出信号电压，$A(f)$ 是线性放大器的增益。$m_1(t)$ 和 $m_2(t)$ 是周期为 $T=1/f_{\text{chop}}$ 的调制信号和解调信号，f_{chop} 是斩波信号的频率。V_{os} 和 V_{N} 为运算放大器的直流输入失调电压和噪声。输入信号的最大截止频率不大于 $f_{\text{chop}}/2$，否则会发生信号混叠现象。

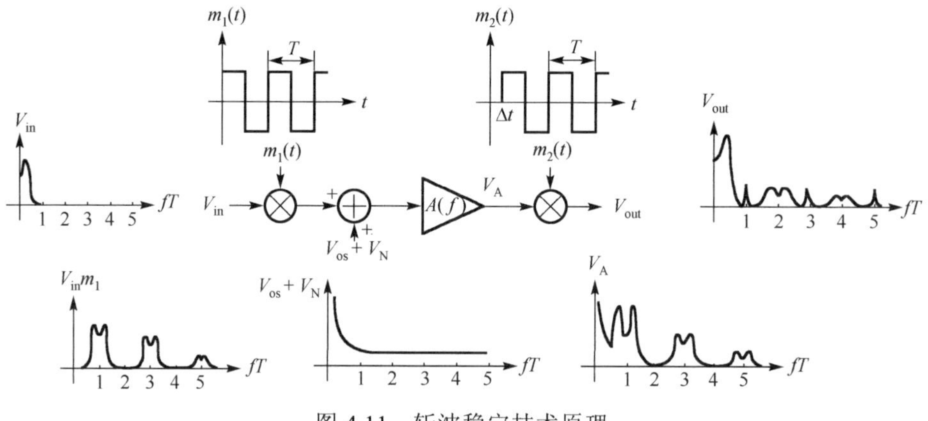

图 4.11　斩波稳定技术原理

经 $m_1(t)$ 调制后的输入信号在频域中是 V_{in} 与 $m_1(t)$ 的乘积，再经放大器放大后，又经 $m_2(t)$ 解调，得到的信号为

$$\begin{aligned} V_{\text{d}}(t) = AV_{\text{in}}(t)\sum_{k=1,\text{odd}}^{\infty}\frac{4}{k\pi}\sin\left(\frac{k\pi}{2}\right)\cos(2k\pi f_{\text{chop}}t) \\ \cdot\sum_{l=1,\text{odd}}^{\infty}\frac{4}{l\pi}\sin\left(\frac{l\pi}{2}\right)\cos(2l\pi f_{\text{chop}}t) \end{aligned} \tag{4.17}$$

另外，噪声信号和输入失调电压只经过 $m_2(t)$ 调制，若用 $S_{\text{N}}(f)$ 表示输入失调电压和噪声的功率谱密度，则调制后的功率谱密度可以表示为

$$S_{\mathrm{cs}}(f)=\left(\frac{2}{\pi}\right)^2\sum_{n=-\infty,\mathrm{odd}}^{+\infty}\frac{1}{n^2}S_{\mathrm{N}}\left(f-\frac{n}{T}\right) \tag{4.18}$$

可见，噪声和失调电压被调到了斩波频率的奇次谐波频率处。调制后的信号经过一个截止频率高于输入信号频率的低通滤波器后，理论上可将高频纹波调制到高频处的失调电压和低频噪声滤除。

对于白噪声，若斩波频率大于人们所关心的基带信号频率的 2 倍以上，则调制后的噪声功率谱密度 $S_{\text{cs-white}}$ 可以表示为

$$S_{\text{cs-white}}(f)=S_0\left[1-\frac{2\tanh(2\pi f_{\mathrm{c}}T)}{\pi f_{\mathrm{c}}T}\right] \tag{4.19}$$

当运算放大器截止频率远大于斩波频率时，$S_{\text{cs-white}}$ 可以近似为 S_0。可见，当运算放大器的截止频率较高时，基带的噪声功率谱近似为常数，斩波调制后的白噪声功率谱略小于运算放大器初始的白噪声功率谱。

对于 1/f 噪声，如果转角频率为 f_{C}，那么被斩波调制后的基带 1/f 噪声可以写为

$$S_{\text{cs-}1/f}(f)=0.852S_0f_{\mathrm{C}}T \tag{4.20}$$

典型的运算放大器基带输入残余噪声为上述两式的总和。实验表明，斩波频率最好取在噪声转角频率处。此时，白噪声最多增加 6dB。在实际应用中，运算放大器的带宽限制、相移等会对信号的增益带来一定的损失。

用 MOS 管开关实现的斩波调制电路如图 4.12(a)所示，在每个开关动作瞬间，都存在沟道电荷注入和时钟馈通失配现象，导致残余失调电压。如图 4.12(b)所示，当 MOS 管开关导通或断开后，由于栅源、栅漏寄生电容的存在，栅极的信号变化会耦合到源极和漏极，这就是时钟馈通现象。此外，当开关导通或断开后，MOS 管的沟道会从源漏极积累电荷或释放积累的电荷到源漏极，这就是沟道电荷注入现象。

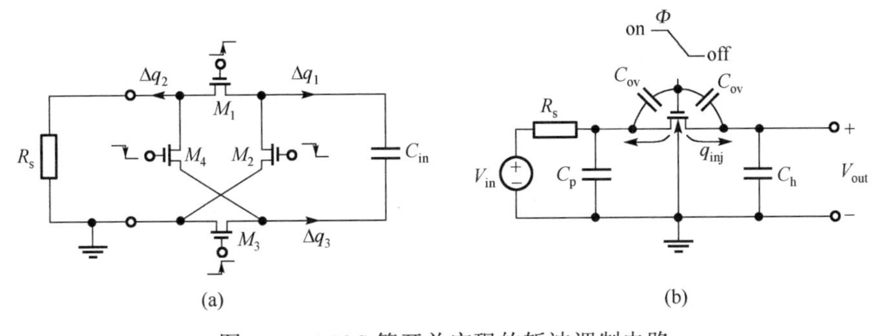

图 4.12　MOS 管开关实现的斩波调制电路

如图 4.12(a)所示，当 MOS 管 M_1 和 M_3 导通时，会有电荷 Δq_1 和电荷 Δq_3 流向电容 C_{in}，电荷 Δq_2 会流向源电阻 R_s，在电容上会产生一个尖峰(图 4.13)，导致残余失调电压 V_{os}，其大小为

$$V_{os} = \frac{2\tau}{T} V_{spike} \tag{4.21}$$

其中，V_{spike} 为尖峰电压的峰值，τ 为时间常数。当运算放大器的带宽远大于斩波频率时，大部分尖峰信号都会残留下来，导致很大的失调电压。通常，选取放大器的带宽为斩波频率的 2 倍，此时直流增益为 $8/\pi^2$(约下降 19%)，但是失调电压的幅度可以大幅度减小，此时的失调电压约为

$$V_{os} = \left(\frac{2\tau}{T}\right)^2 V_{spike} \tag{4.22}$$

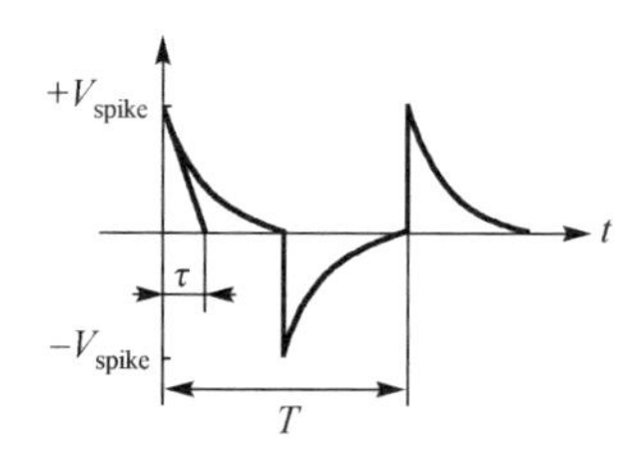

图 4.13　时钟馈通和沟道电荷注入导致的尖峰脉冲

为减小残余失调电压，可以采用如图 4.14 所示的方法。图 4.14(a)采用大电容结构，使电容 C_p 远大于 C_h 并采用一个较慢的时钟信号，让 C_p 电容吸引大部分的电荷，从而减少电荷在电容 C_h 上的积累导致残余失调电压。但是 C_{ov} 电容的存在仍然会使得时钟馈通效应引起残余失调电压。图 4.14(b)采用了 C_p 电容和 C_h 电容相等的设计，在开关的两边各自放置了两个互补的虚拟(dummy)开关，当开关动作时沟道注入电荷可以被旁边的虚拟开关吸收。图 4.14(c)采用了全差分结构，当上下两个开关引入的电荷相同时，可以把电荷注入引起的电压看成共模信号，从而被运算放大器抑制掉。

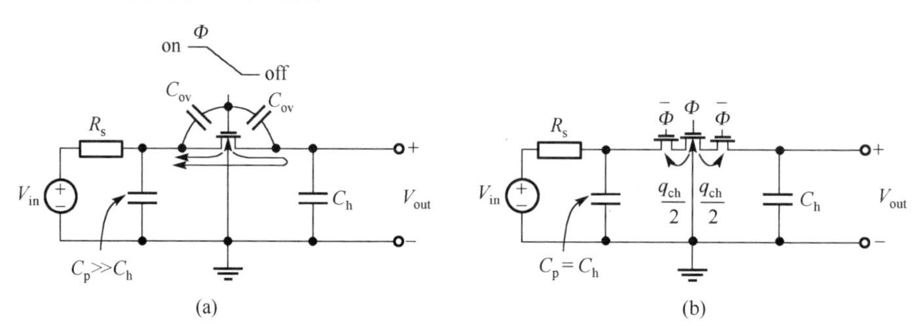

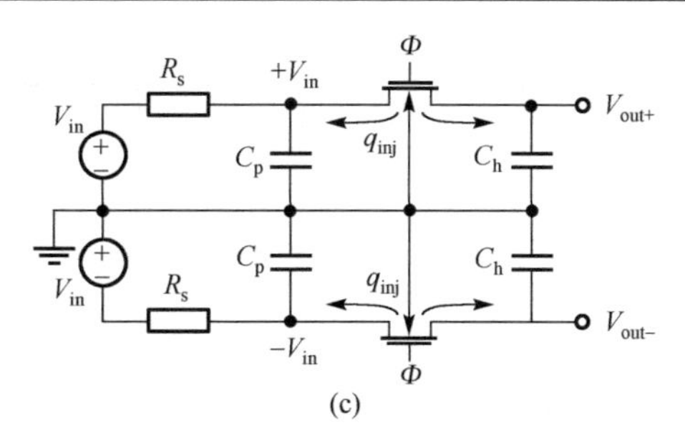

(c)

图 4.14　减小残余失调电压的方法

4.2　滤 波 电 路

在传感接口电路中，滤波电路可以将有用信号带宽外的噪声、谐波失真等信号进行滤除，也可以对有用信号带宽内不同频域信号的幅值和相位进行修正。滤波器可分成无源滤波器和有源滤波器。无源滤波器是由无源元件(如电阻、电感、电容)组成的滤波器。有源滤波器是包含有源元件(如运算放大器)的滤波器，可实现更为强大的功能，因而应用更为广泛。此外，滤波器还可以分成模拟滤波器和数字滤波器。本节在 4.2.1 节介绍滤波器的频率特性和函数逼近，在 4.2.2 节和 4.2.3 节介绍模拟滤波器和数字滤波器的设计方法。

4.2.1　滤波器的频率特性和函数逼近

滤波器的传递函数可用于描述滤波器的频率特性，其传递函数 $H(\mathrm{j}\omega)$ 可写为

$$H(\mathrm{j}\omega)=\left|H(\mathrm{j}\omega)\right|\mathrm{e}^{\mathrm{j}\varphi(\omega)} \tag{4.23}$$

其中，$|H(\mathrm{j}\omega)|$为其幅值，$\varphi(\omega)$为相位频率函数。

按照频率特性的不同，滤波器可分为低通滤波器、高通滤波器、带通滤波器、带阻滤波器等类型。图 4.15 给出了上述四种滤波器类型的理想幅度-频率响应和相位-频率响应图。其中，图 4.15(a)是低通特性，角频率低于 ω_c 的信号可以无失真通过，角频率高于 ω_c 的信号则被完全衰减；图 4.15(b)是高通特性，与低通特性相反，只有角频率高于 ω_c 的信号可以无失真地通过；图 4.15(c)是带通特性，只有角频率在 ω_1 和 ω_2 之间的信号才可以无失真地通过；图 4.15(d)是带阻特性，角频率在 ω_1 和 ω_2 之间的信号会被完全衰减。允许信号通过的频带称为通带，阻止信号通过的频带称为阻带。

在实际的滤波器中，通常信号在通带内不会无失真地通过，在阻带内也不会立刻完全衰减，在通带和阻带之间存在过渡带，在过渡带信号逐渐被衰减。在实际滤波器的设计中，往往会对通带内信号的变化大小、阻带内信号的衰减设定限

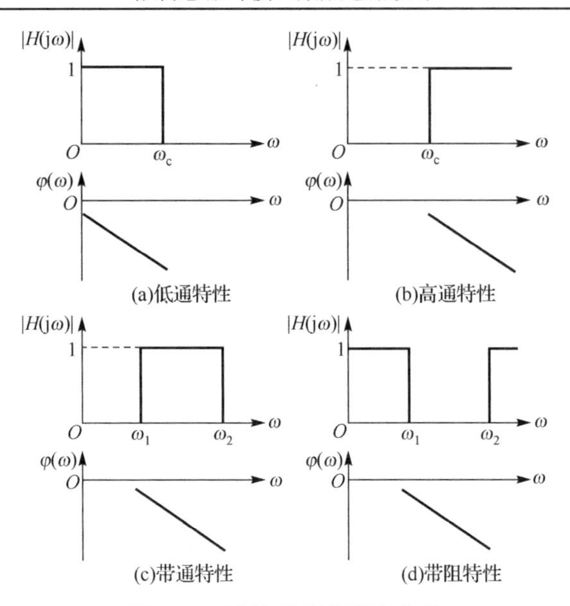

图 4.15　滤波器理想频率特性

制条件，求这些限制条件下的滤波器结构和电路元件的过程称为滤波器综合。滤波器的设计过程即满足一定条件下的电路设计。

由于无法实现理想滤波器，因此在滤波器设计过程中采用函数逼近的方法来达到限制条件下的电路设计。这里介绍低通滤波器设计的常用逼近方法[8]，即巴特沃思(Butterworth)逼近、切比雪夫(Chebyshev)逼近、贝塞尔(Bessel)逼近和椭圆(elliptical)逼近。

巴特沃思逼近采用的函数为

$$\left|H(\mathrm{j}\omega)\right|^2=\frac{1}{1+(\omega/\omega_\mathrm{c})^{2n}}, \quad n=1,2,\cdots \tag{4.24}$$

其中，n 为阶次，ω_c 为截止频率。在截止频率处的幅值相比于直流时的幅值下降 3dB，在截止频率之后，幅值以 20ndB/dec 的速度下降。

切比雪夫逼近采用的函数为

$$\left|H(\mathrm{j}\omega)\right|^2=\frac{1}{1+\varepsilon^2 C_n^2(\omega/\omega_\mathrm{c})} \tag{4.25}$$

其中，ε 为小于 1 的实数，C_n 为

$$C_n\left(\frac{\omega}{\omega_\mathrm{c}}\right)=\begin{cases}\cos\left(n\arccos\dfrac{\omega}{\omega_\mathrm{c}}\right), & 0\leqslant\left|\dfrac{\omega}{\omega_\mathrm{c}}\right|\leqslant 1\\ \cosh\left(n\operatorname{arccosh}\dfrac{\omega}{\omega_\mathrm{c}}\right), & \left|\dfrac{\omega}{\omega_\mathrm{c}}\right|>1\end{cases} \tag{4.26}$$

切比雪夫逼近在截止频率处的幅值是直流时幅值的$1/\sqrt{1+\varepsilon^2}$，在通带内的变化比巴特沃思逼近要小，在阻带内的下降速度与巴特沃思逼近一样，都是20ndB/dec。

贝塞尔逼近采用的函数为

$$H(\mathrm{j}\omega)=\frac{b_0}{(\mathrm{j}\omega)^n+b_{n-1}(\mathrm{j}\omega)^{n-1}+\cdots+b_1(\mathrm{j}\omega)+b_0} \tag{4.27}$$

其中，系数 b_i 满足贝塞尔多项式：

$$b_i=\frac{(2n-i)!}{2^{n-i}i!(n-i)!} \tag{4.28}$$

贝塞尔逼近有比较好的线性相位，但是其幅值在通带内衰减较多，且在阻带内的衰减不如其他滤波器类型。

椭圆逼近采用的函数为

$$\left|H(\mathrm{j}\omega)\right|^2=\frac{1}{1+\varepsilon^2R_{n,\omega_s}^2(\omega/\omega_p)} \tag{4.29}$$

其中，R_{n,ω_s} 是变量为 ω_s 的 n 阶雅可比(Jacobi)椭圆函数，ω_s 为阻带角频率，ω_p 为通带角频率，截止频率 $\omega_c=\sqrt{\omega_s\omega_p}$。它在通带和阻带内都具有等纹波特性，过渡带比较窄。

图 4.16(a)～(d)分别是根据巴特沃思逼近、切比雪夫逼近、贝塞尔逼近和椭圆逼近所设计的三阶低通滤波器的幅度、相位的频率特性。表 4.1 给出了上述四种逼近方式的比较。

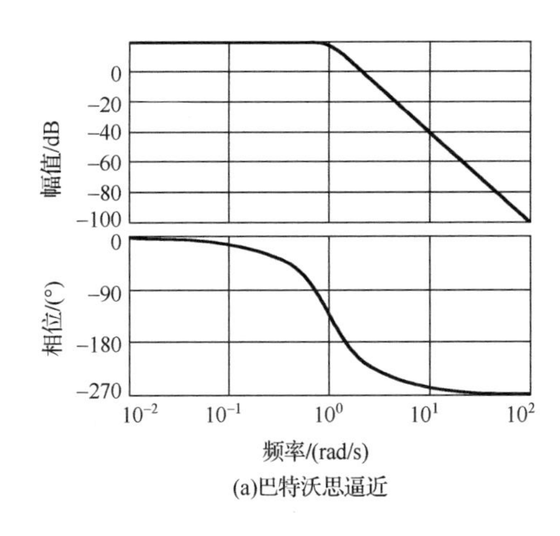

(a)巴特沃思逼近

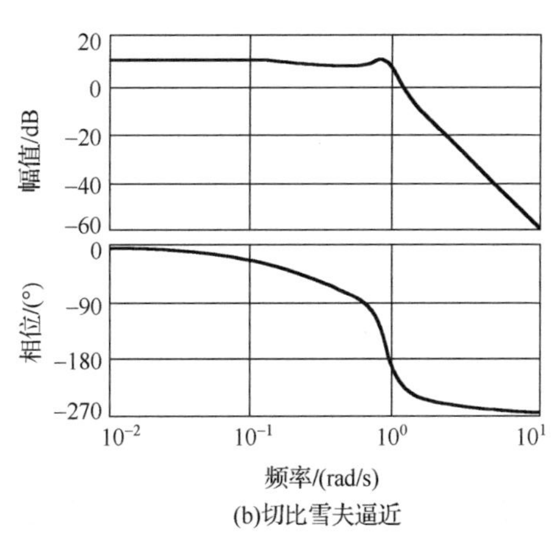

(b)切比雪夫逼近

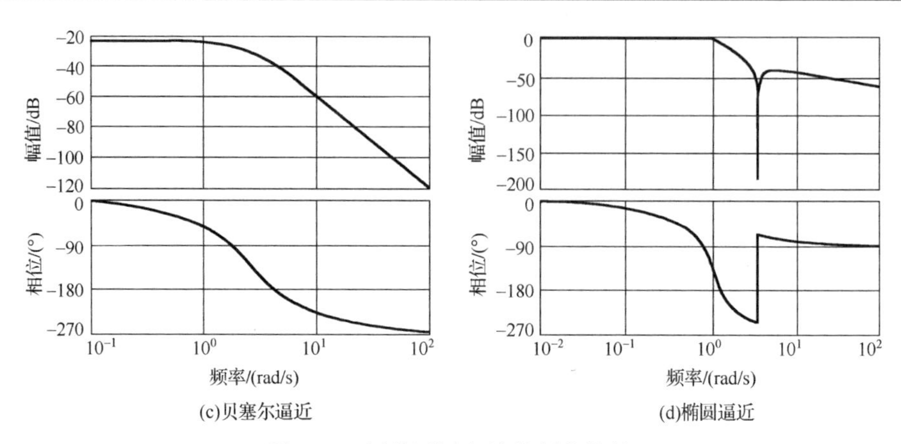

图 4.16　四种逼近方法的频率特性

表 4.1　四种函数逼近方式滤波器性能比较

逼近方式	幅频特性(以低通为例)			相频特性	逼近特性
	通带	阻带	过渡带		
巴特沃思	平坦	单调下降	单调下降较缓	一般	通带最大幅度平坦
切比雪夫	波纹起伏	单调下降	单调下降较陡	差	通带最小幅度波纹
贝塞尔	平坦	单调下降	单调下降缓慢	很好	通带最大群延时平坦
椭圆	波纹起伏	波纹起伏	单调下降陡峭	差	最小过渡带

4.2.2　连续时间滤波器

连续时间滤波器的设计主要有级联法、元件替代法和运算仿真法。级联法是将逼近函数的分母拆分成几个简单多项式的乘积形式，多项式的乘积在电路实现上进行级联即可。简单的一阶和二阶有源低通滤波器单元可用图 4.17 实现，它们的多项式表达可写为

$$H_1(s)=\frac{1}{1+sRC} \tag{4.30}$$

$$H_2(s)=\frac{\omega_0^2}{s^2+\frac{\omega_0}{Q}s+\omega_0^2} \tag{4.31}$$

利用上述一阶和二阶有源低通滤波器可以实现更高阶的低通滤波器，图 4.18 为一个三阶有源低通滤波器的例子。

元件替代法是以无源 LC 滤波器作为原型，用其代替在集成电路上难以实现高 Q 值的电感元件的一种方法，可以用电流传输器实现输入电压比输入电流的相位超前 π/2 的功能，作为电感的等效替代电路。

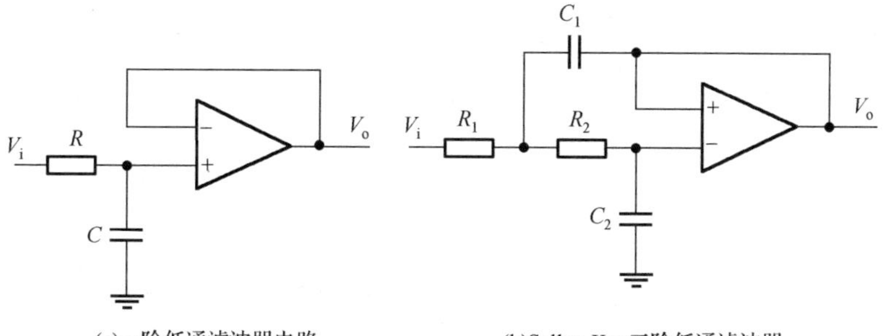

图 4.17　可用于级联法的简单一阶和二阶有源低通滤波器单元

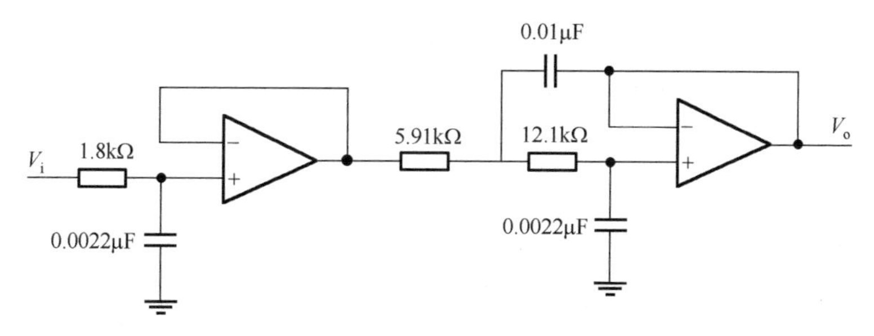

图 4.18　三阶有源低通滤波器的例子

运算仿真法也是以无源 *LC* 滤波器为基础，将电路的状态方程用积分形式表达，再用有源积分器实现的一种方法。有源积分器可以用运算放大器和电容等实现。

连续时间滤波器中最早发展起来的是 *RC* 滤波器，但是 *RC* 滤波器中的电阻不易集成，因此设计人员采用工作在线性区（三极管区）的金属氧化物半导体场效应晶体管（metal oxide semiconductor field effect transistor，MOSFET）来替代电阻进行实现，称为 MOSFET-C 滤波器。这两种滤波器形式需要用到运算放大器，在功耗、频率上受到限制。由于跨导电容（Gm-C）结构具有低功耗、实现简单、宽调谐范围等优点，在集成滤波器上得到了更为广泛的应用，是当前模拟滤波器的研究热点。最简单的跨导电路可以用一个差分对实现，如图 4.19 所示。输入电压和输出电流之间的关系为

$$
\begin{aligned}
I_o &= I_{D1} - I_{D2} \\
I_o(t) &= g_m V_i(t)
\end{aligned}
\tag{4.32}
$$

在理想情况下，跨导值 g_m 应与输入信号无关。但在实际中，上述公式中的 g_m 即 MOS 管的跨导。跨导值受输入信号的幅值、频率以及噪声、电源干扰等影响，存在非线性特性。可以采用源极退化、自适应偏置、交叉耦合等方式来减少非线性特性。

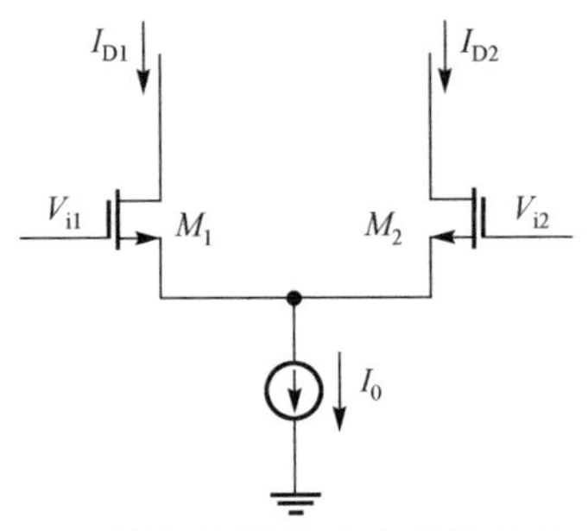

图 4.19　用基本差分对实现的跨导电路

跨导电容滤波器的核心是跨导电容积分器。跨导电容积分器实际上是跨导电容滤波器的一个特例，是一个截止频率为零的一阶有源巴特沃思滤波器。一个简单的跨导电容积分器如图 4.20(a)所示。若要实现截止频率不为零的滤波器，可以在电容处并联一个电阻或者一个跨导，如图 4.20(b)和(c)所示。

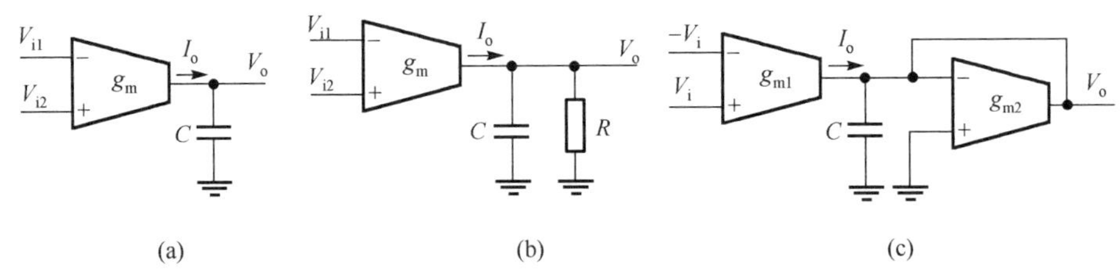

图 4.20　简单的跨导电容积分器的实现

利用跨导电容积分器和前面所述的级联法、元件替代法和运算仿真法等可以实现跨导电容滤波器的设计。如图 4.21 所示的二阶跨导电容低通滤波器，其传递函数为

$$\begin{cases} H(s)=\dfrac{V_o(s)}{V_i(s)}=\dfrac{-g_{m0}g_{m1}}{s^2C_1C_2+sg_{m3}C_1+g_{m1}g_{m2}}=\dfrac{-K_{gm}\omega_0^2}{s^2+s\left(\dfrac{\omega_0}{Q}\right)+\omega_0^2} \\ \omega_0^2=\sqrt{\dfrac{g_{m1}g_{m2}}{C_1C_2}},\quad Q=\dfrac{1}{g_{m3}}\sqrt{\dfrac{g_{m1}g_{m2}C_2}{C_1}},\quad K_{gm}=\dfrac{g_{m0}}{g_{m2}} \end{cases} \tag{4.33}$$

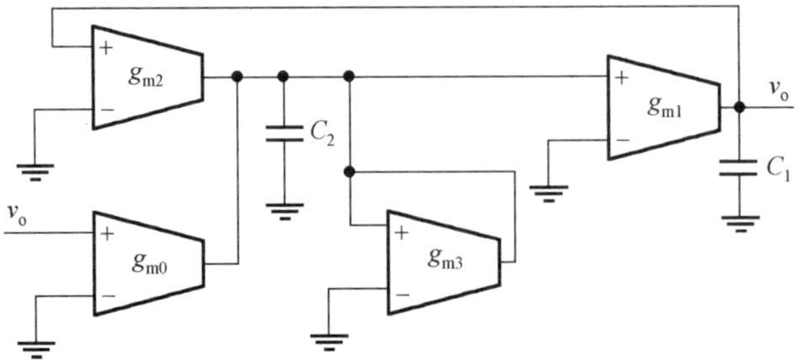

图 4.21　二阶跨导电容低通滤波器

如前所述，低阶跨导电容滤波器可以组成高阶滤波器。

4.2.3　开关电容滤波器

开关电容滤波器是以开关和电容为主要元件构成的滤波器，通过开关动作对信号进行采样，因此又称为采样数据滤波器。在集成电路中，要实现精确的电阻是非常困难的(通常仅为20%的精度)。相反，在集成电路中可以实现精确的电容比值、MOS管的宽长比比值，可以解决绝对值误差较大的问题。此外，开关电容电路的频率响应依赖于时钟信号，而采用晶体振荡器等元件可以实现非常精确的时钟信号。基于这两点可知，开关电容滤波器可以实现比连续时间滤波器更好的频率响应。

开关电容电路中的开关既可以用单个MOS管实现，也可以用一对NMOS管和PMOS管加上一对反相时钟实现。开关电容电路中的电容，通常采用两层靠近的导体(金属、多晶硅、重掺杂硅等)实现。由于这两层导体与衬底之间(衬底接到地或者电源)也形成了电容，因此实现的集成电容在电容的两端与衬底之间还存在寄生电容，尤其是下层导体与衬底之间的寄生电容较大，可能达到目标设计电容的20%。集成电容的结构示意图及其等效电路如图4.22(a)所示。开关电容电路的实现通常至少需要一对相互不交叠的时钟信号，如图4.22(b)所示。

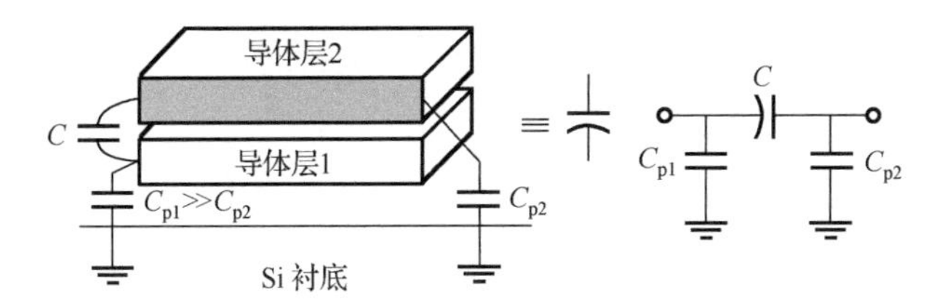

(a)集成电容结构示意图及其等效电路图

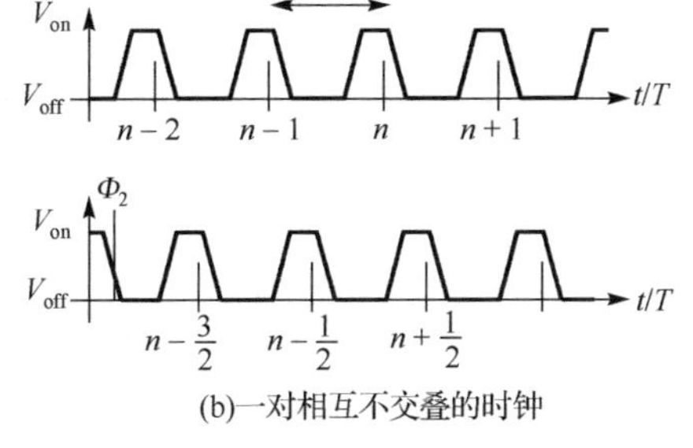

(b)一对相互不交叠的时钟

图4.22　开关电容电路中的集成电容及需要的时钟信号

积分器作为滤波器的特例也可以用开关电容电路实现。图4.23是其中一个例子，当Φ_1导通(Φ_2断开)时，电容C_1的上极板与输入电压相连，电容上的电荷将

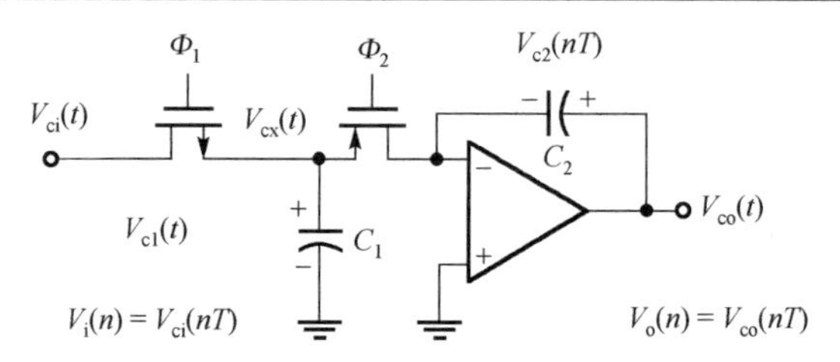

图 4.23　开关电容滤波器

被充电至 $C_1V_i(nT-T)$，而电容 C_2 上的电荷为 $C_2V_{co}(nT-T)$。经过半个时钟周期 $T/2$ 后，当 Φ_2 导通(Φ_1 断开)时，电容 C_1 的上极板与虚拟地相连，因此电容 C_1 的电荷会释放至电容 C_2 上。基于电荷守恒定律，可以得到

$$C_2V_{co}(nT-T/2)=C_2V_{co}(nT-T)-C_1V_{ci}(nT-T) \tag{4.34}$$

再经过半个时钟周期 $T/2$ 后，Φ_1 会再次导通(Φ_2 断开)，此时 C_2 上的电压和电荷不会发生变化，因此 $C_2V_{co}(nT-T/2)=C_2V_{co}(nT)$，由此可以得到

$$C_2V_{co}(nT)=C_2V_{co}(nT-T)-C_1V_{ci}(nT-T) \tag{4.35}$$

对其进行 z 变换，可以得到传递函数 $H(z)$ 为

$$\begin{aligned} V_o(z)&=z^{-1}V_o(z)-\frac{C_1}{C_2}z^{-1}V_i(z) \\ H(z)&\equiv\frac{V_o(z)}{V_i(z)}=-\left(\frac{C_1}{C_2}\right)\frac{z^{-1}}{1-z^{-1}} \end{aligned} \tag{4.36}$$

这种电路结构的一个缺点是容易受到寄生电容的影响。电容 C_1 的寄生电容与 C_1 并联但大小未知，因此上述表达式中的比例系数也变得未知。为解决寄生电容带来的影响，可以采用如图 4.24 所示的电路结构。

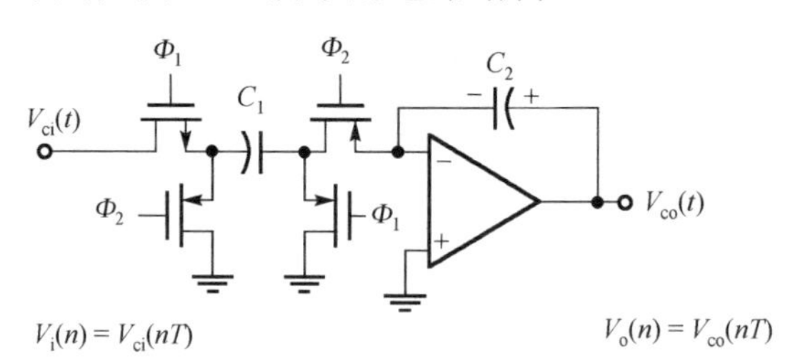

图 4.24　不受寄生电容影响的开关电容滤波器

图 4.24 中，当 Φ_1 导通(Φ_2 断开)时，C_1 电容充电，积累电荷 $C_1V_{ci}(nT-T)$，此时 C_2 电容上积累电荷 $C_2V_{co}(nT-T)$；当 Φ_2 导通(Φ_1 断开)时，C_1 上原本接地的极板接到虚地点，而原本接输入信号的极板接到地上，因此 C_1 上的电荷将完全转移到 C_2 电容上。与图 4.23 的推导类似，可以得到

$$H(z) \equiv \frac{V_o(z)}{V_i(z)} = \left(\frac{C_1}{C_2}\right)\frac{z^{-1}}{1-z^{-1}} \tag{4.37}$$

这是一个同相积分器，与图 4.23 所示的反相积分器不同，这是因为电容 C_1 上的电荷转移到电容 C_2 上时的电荷极性不同。此外，与图 4.23 不同的是，这里 C_1 的寄生电容不会影响传递函数。图 4.24 中 C_1 左极板与衬底的寄生电容会被充电然后接地，而 C_1 右极板与衬底的寄生电容接地或者接虚拟地，因此这些寄生电容都不会影响传递函数。

如果要实现对寄生电容不敏感的反相积分器，可以采用如图 4.25 所示的电路结构。传递函数和寄生电容的影响分析过程与前面类似，这里不再赘述。

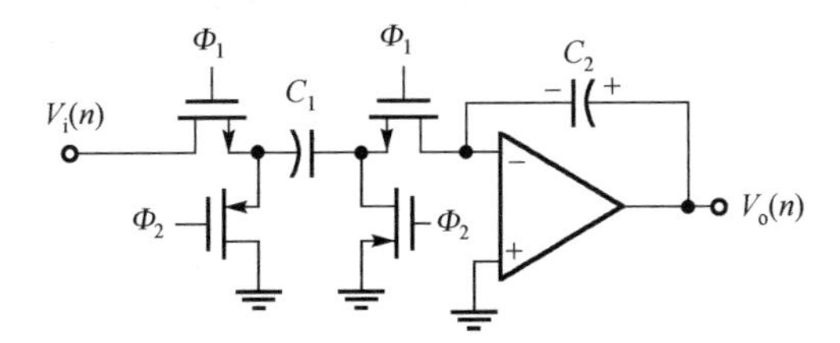

图 4.25　不受寄生电容影响的反相开关电容滤波器

如果要用开关电容电路实现低通滤波器，一种简单的方法是利用开关电容电路实现一个等效的电阻，然后用此等效电阻替换连续时间有源 *RC* 滤波器中的电阻[9]。如图 4.26 所示的电路，其中 Φ_1 和 Φ_2 是一对不交叠时钟，在这两个时钟周期内，电容 C_1 先后被充放电至电压 V_1 和 V_2，导致电容上的电荷变化为 $\Delta Q_1=C_1(V_1-V_2)$。在一个周期 T 内，由电容上电荷变化导致的两个端口间的平均电流可以写为 $I_{avg}=C_1(V_1-V_2)/T$。若将此电路等效为一个电阻 R_{eq}，由于流过此电阻的电流也为 I_{avg}，可以得到此等效电阻的表达式为

$$R_{eq} = \frac{T}{C_1} = \frac{1}{C_1 f_s} \tag{4.38}$$

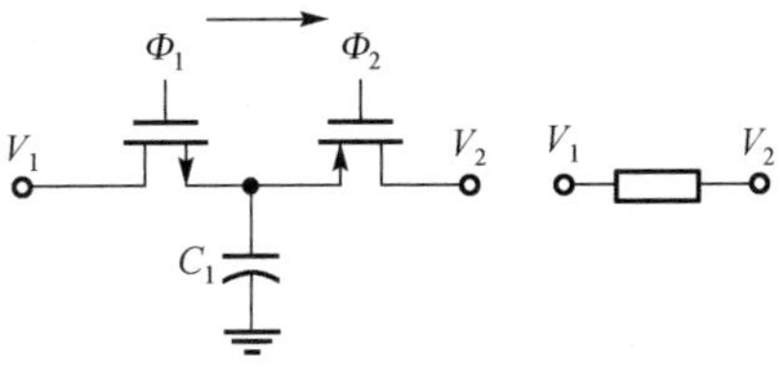

图 4.26　用开关电容实现的等效电阻

为了减少 C_1 电容的寄生电容的影响，可以采用前述方法的电路结构来替代图 4.26 的开关电容电路。

图 4.27(a)是一个一般形式的一阶有源 RC 滤波器，将其中的电阻用图 4.26 中的开关电容电路进行替代，得到图 4.27(b)，其传递函数可以用信号流图法快速获得

$$H(z) \equiv \frac{V_o(z)}{V_i(z)} = -\frac{\left(\dfrac{C_1}{C_A}\right)(1-z^{-1}) + \left(\dfrac{C_2}{C_A}\right)}{1-z^{-1}+\dfrac{C_3}{C_A}} = -\frac{\left(\dfrac{C_1+C_2}{C_A}\right)z - \dfrac{C_1}{C_A}}{\left(1+\dfrac{C_3}{C_A}\right)z-1} \tag{4.39}$$

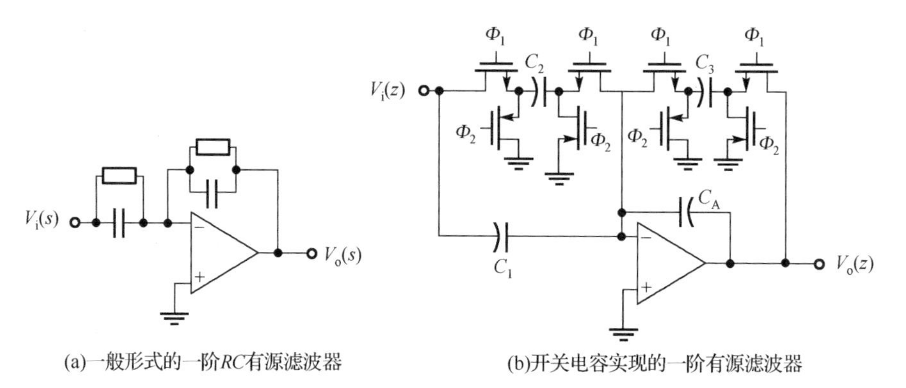

(a)一般形式的一阶RC有源滤波器　　(b)开关电容实现的一阶有源滤波器

图 4.27　利用开关电容实现一阶有源滤波器

图 4.27(b)可以进行简化，一些 MOS 管开关可以共用以减少开关数量，例如，电容 C_3 旁边的部分开关可以和 C_2 旁边的部分开关共用，简化成如图 4.28 所示结果。

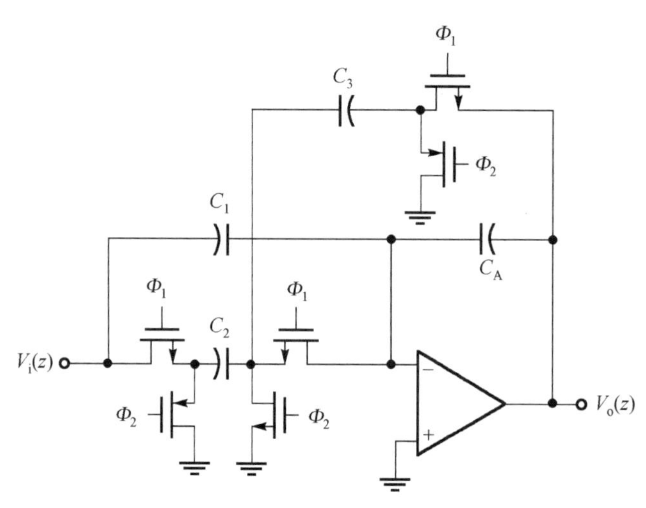

图 4.28　将图 4.27 中部分开关复用后的结构

4.3　模数转换电路

模数转换器(ADC)是现代数字电路中重要的接口电路之一，将输入的模拟信号转换为一系列用“0”、“1”这样的字符串代表的离散电平量，并进一步在数字系统中使用。针对不同的应用需求，形成了多种不同结构的 ADC，如全并行(flash)ADC、折叠插值(folding and interpolation，F&I)ADC、流水线(pipelined) ADC、逐次逼近(successive approximation register，SAR)ADC 和 Σ-Δ(sigma-delta)ADC 等，这些架构有各自的特点。本节介绍模数转换电路的基本原理、主要性能指标、常用 ADC 类型，并重点介绍逐次逼近型 ADC 的典型结构以及低功耗逐次逼近型 ADC。

4.3.1　模数转换电路基本原理

如图 4.29 所示 ADC 的基本原理为：抗混叠滤波器的前置滤波器用来避免高频信号在 ADC 中引起混叠，采样/保持电路在采样时钟控制下把输入信号采样成为离散时间信号，量化器将采样的信号变换为对应的由二进制数字表示的值，再对二进制数字值进行编码得到模拟信号相对应的数字信号。采样按照奈奎斯特准则(Nyquist criterion)，即采样速率至少是模拟信号最高频率的 2 倍。

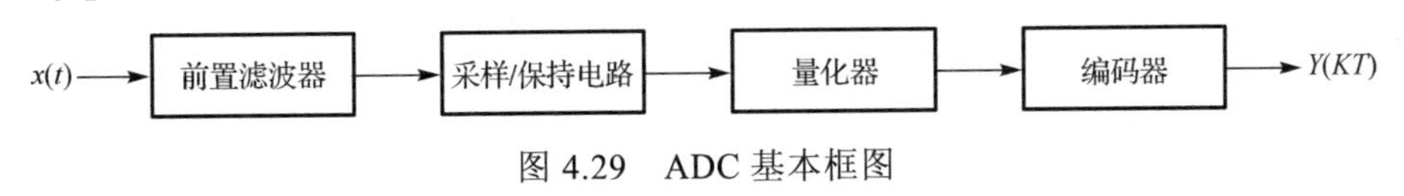

图 4.29　ADC 基本框图

对于一个理想的 ADC 模块(图 4.30)，其中 B_{out} 是数字输出，V_{in} 和 V_{ref} 分别为模拟信号输入和参考电压。定义 V_{LSB} 为最小分辨率(least significant bit，LSB)，LSB 指最低有效位，其值为

$$V_{\mathrm{LSB}} = \frac{V_{\mathrm{ref}}}{2^N} \tag{4.40}$$

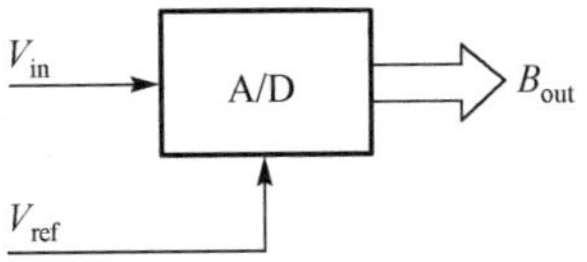

图 4.30　理想 ADC

理想的一个 N 位 ADC 传输公式为

$$V_{\text{ref}}(b_1 2^{-1} + b_2 2^{-2} + \cdots + b_N 2^{-N}) = V_{\text{in}} \pm V_x \tag{4.41}$$

其中，$-0.5V_{\text{LSB}} \leqslant V_x \leqslant 0.5V_{\text{LSB}}$。

图 4.31 是一个理想的三位 ADC 传输特性曲线，参考电压 V_{ref} 被分为 8 段，每段对应一个确定的数字输出码。图中虚线为理想输入曲线，对应为理想输出信号台阶。

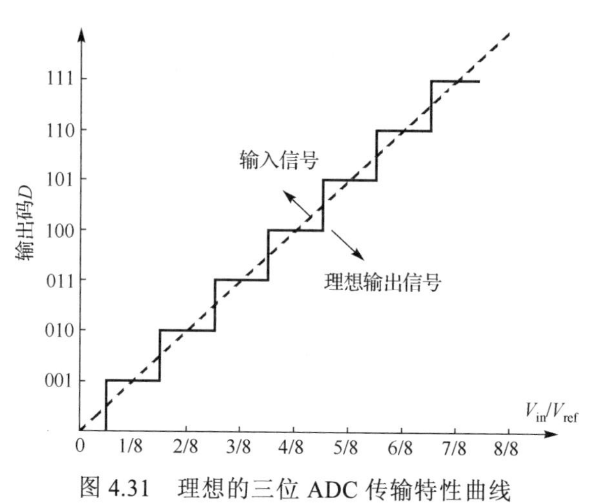

图 4.31　理想的三位 ADC 传输特性曲线

4.3.2　模数转换电路主要性能指标

ADC 是把模拟输入信号转换为数字信号，器件中不可避免地存在各种误差，导致系统存在失调误差(offset error)、增益误差(gain error)、量化误差(quantization error)以及温度、工艺和电压漂移，转换器的实际测量值会和理想值之间有差距，因此需要用相应的性能参数来衡量 ADC 的性能。用来衡量 ADC 性能的参数分成两种类型：静态参数和动态参数。

静态参数是基于输入输出传输函数得出的，主要表征 ADC 系统在静态不变环境下的性能表现，主要的静态误差包括量化误差、分辨率、失调误差、增益误差、积分非线性(integral nonlinearity，INL)和微分非线性(differential nonlinearity，DNL)等；动态参数主要表征 ADC 系统在动态变化环境下的性能表现，与寄生电容和运算放大器有关，包括动态范围、转换时间、信噪比、有效位数和失真动态范围等。

1. 静态误差

1) 量化误差

由于模拟输入是无穷取值量，而输出是离散值，因此在量化过程中会产生误

差，这个误差称为量化误差 Q_e，定义为实际的模拟输入和(阶梯状)输出电压之差。其计算公式为

$$Q_e = V_{in} - V_{staircase} \tag{4.42}$$

其中，阶梯输出 $V_{staircase}$ 的值为

$$V_{staircase} = D\frac{V_{ref}}{2^N} = DV_{LSB} \tag{4.43}$$

其中，D 为数字输出码的值；V_{LSB} 为 1LSB 的电压，Q_e 可以转化成以 LSB 为单位的量。量化误差是 ADC 本身转换过程中必然存在的、不能减小的误差，如图 4.32 所示。ADC 不能区分小于 1LSB 的模拟输入信号的差异，因而任何点的输出都包括了不大于 1/2LSB 的误差。假设输入 ADC 的是一个时变信号，则每一个转换出的数值和理想值之间都会存在一个量化误差，如果输入信号的频率和采样频率是完全不相关的，那么可以认为量化误差分布在±1/2LSB 范围内，量化噪声功率的均方根为

$$V_{e(rms)} = \frac{LSB}{\sqrt{12}} \tag{4.44}$$

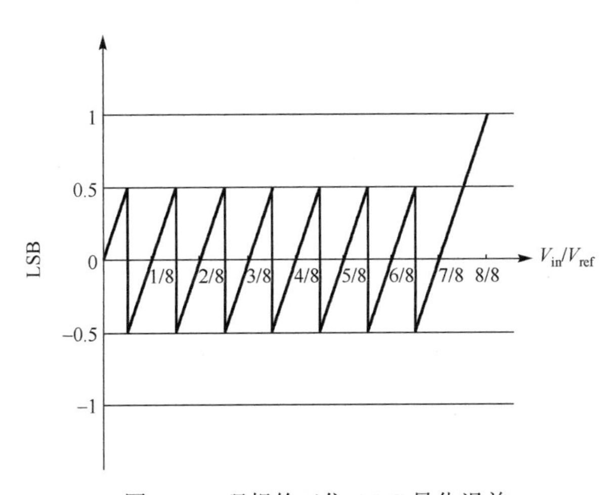

图 4.32　理想的三位 ADC 量化误差

2) 分辨率

分辨率表征了 ADC 系统可以分辨最小模拟信号量的能力，表示为 1LSB= $V_{ref}/2^N$，N 越大，ADC 系统分辨能力越精细。

3) 失调误差

如图 4.33 所示，实际的非理想输出阶梯曲线与理想输出阶梯曲线之间存在横向偏移，此偏移的大小即为失调误差。在输入相同电压时，会输出一个固定的数

字移位。失调的大小随着温度的变化而变化，在一定温度下，失调电压可以通过外部电路来消除，但当温度变化时，偏移电压又会产生。失调电压主要由输入失调和温度漂移决定。

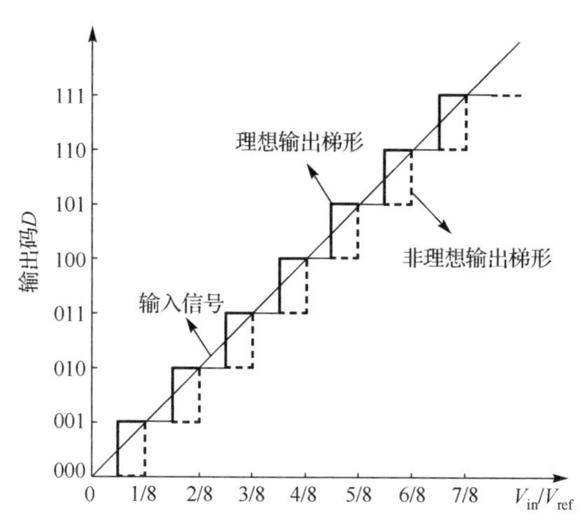

图 4.33　三位 ADC 出现失调误差的特性曲线

4) 增益误差

增益误差是指满量程输出数字码时，实际模拟输入电压与理想输入电压之间的差值，如图 4.34 所示，该误差使传输特性曲线的斜率发生偏移。当发生增益误差时，理想 ADC 系统的传输函数表示为

$$V_o = KV_R(b_1 2^{-1} + b_2 2^{-2} + \cdots + b_N 2^{-N}) \tag{4.45}$$

其中，K 为增益误差因子。当 K=1 时，增益误差为 0；当 K>1 时，传输特性曲线的台阶变宽；当 K<1 时，传输特性曲线的台阶变窄。与失调电压一样，在一定温度下，通过调整外部电路使 $K = 1$，从而消除增益误差，当温度变化后，增益误差又会产生。

5) 非线性误差

当增益误差和失调误差不存在时，理想曲线与实际传输曲线之间的偏差称为非线性误差，通常采用 DNL 误差和 INL 误差来表征。DNL 是指 ADC 实际传输特性曲线中实际步长与理想步长之间的差值，表示为

$$\mathrm{DNL}(D_i) = \frac{V_{\mathrm{in}}(D_i) - V_{\mathrm{in}}(D_{i-1}) - V_{\mathrm{LSB}}}{V_{\mathrm{LSB}}} \tag{4.46}$$

其中，$V_{\mathrm{in}}(D_i)$ 与 $V_{\mathrm{in}}(D_{i-1})$ 分别表示数字码 D_i 与 D_{i-1} 对应的最小模拟量输入。实际测试经常采用码密度测试(code density test)方法，通过统计数字码出现的次数，

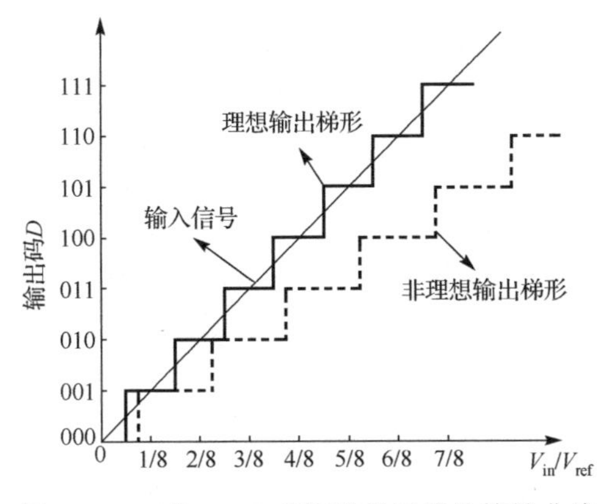

图 4.34　三位 ADC 出现增益误差的特性曲线

得到其出现的实际概率，与理想概率比较得出 DNL 值，计算公式为

$$\mathrm{DNL}(D_i)=\frac{N(D_i)/N_{\mathrm{tot}}}{P(D_i)}-1 \tag{4.47}$$

其中，$N(D_i)$ 为数字码 D_i 出现的次数，N_{tot} 为总样本数，$P(D_i)$ 为数字码 D_i 的出现的理想概率。

INL 是指 ADC 实际传输特性曲线与理想传输特性曲线之间的差值，可以用 DNL 表示为

$$\mathrm{INL}(D_i)=\sum_{j=1}^{i}\mathrm{DNL}(D_j) \tag{4.48}$$

2. *动态误差*

ADC 的频域特性也非常重要，通常用动态参数值来描述 ADC 的频域特性。图 4.35 是输入为一个单一频率的正弦波时的快速傅里叶变换(fast Fourier transform,

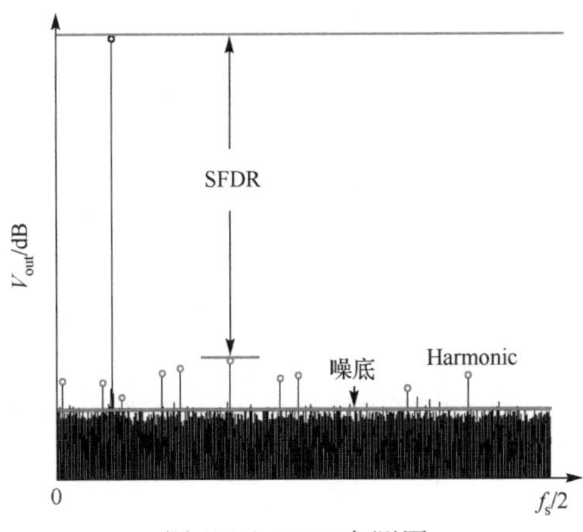

图 4.35　FFT 实测图

FFT)图。在频谱图中，幅度最高的频率点为基频信号频率，即输入信号的频率。图中 ADC 的量化误差产生了噪底(noise floor)，成为量化噪声，毛刺是由 ADC 的非线性引起的。从频谱图中可以定义一些 ADC 的重要动态参数，其定义和计算公式如表 4.2 所示。

表 4.2 ADC 动态特性参数的定义和计算公式

动态特性参数	定义	计算公式
信噪比 SNR/dB	信号基频能量 P_{sig} 与噪声能量 P_n 的比值	$SNR=10\lg\left(\frac{P_{sig}}{P_n}\right)$
总谐波失真 THD/dB	信号基频除外的总谐波能量 $P_{h,tot}$ 与信号基频能量 P_{sig} 的比值	$THD=10\lg\left(\frac{P_{h,tot}}{P_{sig}}\right)$
信噪失真比 SNDR/dB	信号基频能量 P_{sig} 与噪声能量 P_n 和总谐波能量 $P_{h,tot}$ 的比值	$SNDR=10\lg\left(\frac{P_{sig}}{P_n+P_{h,tot}}\right)$
无杂散动态范围 SFDR/dB	信号基频能量 P_{sig} 与最大谐波能量 $P_{h,max}$ 的比值	$SFDR=10\lg\left(\frac{P_{sig}}{P_{h,max}}\right)$
动态范围 DR/dB	最大输入信号能量 $V_{sig,max}$ 和可探测到的最小信号能量 $V_{sig,min}$ 的比值	$DR=20\lg\left(\frac{V_{sig,max}}{V_{sig,min}}\right)$
有效位数 ENOB/bit	把噪声和总谐波失真等效为量化噪声得到的量化位数	$ENOB=\frac{SNDR-1.76}{6.02}$

与动态特性参数相关的一个重要参数是 FoM(figure of merit)因子，很多设计者都将 FoM 因子作为衡量 ADC 性能好坏的标准，其定义为

$$FoM=\frac{P}{2^{ENOB}f_s} \tag{4.49}$$

其中，f_s 是采样频率，P 是系统的功耗。

4.3.3 常用的模数转换器类型

1. 全并行 ADC

全并行 ADC 能够同步完成转换，适用于高速数据转换，其工作原理是：电路工作在双相不交叠时钟下，在一个相位时，模拟输入首先被采样，在另一个相位时，此采样值和不同的参考电压值进行比较，每次比较都需要一个比较器和一个参考电压。比较器的输出以输入信号的温度计编码表示，再经过编码器(encoder)对比较器输出进行编码就可以输出需要的数字信号。图 4.36 为全并行 ADC 的结构图。

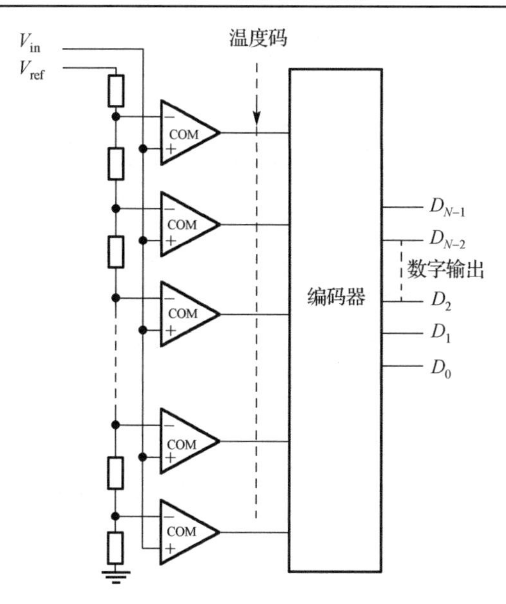

图 4.36　全并行 ADC 结构图

这种结构的优点为结构简单，速度快，其速度由比较器和数字逻辑的转换速度决定。全并行 ADC 的输出延迟仅有一个时钟周期(输出延迟是指一个模拟信号从被采样到数字输出的时间)。在有些需要立即得到数据的应用中，全并行 ADC 通常是首选，可以用在数据捕获、卫星通信、雷达、示波器和硬盘读取等方面。

全并行 ADC 结构的缺点是对于一个 N 位 ADC，需要 2^N 个比较器、2^N 个电阻，面积大、功耗大。随着分辨率的增加，这种结构的 ADC 所能容忍的失调电压值非常小(远小于 1 个 LSB)，内部元件数目呈几何级数上升，对电阻等元器件精度和特性匹配提出了严格的要求。由于比较器数量较多，ADC 的输入电容面积会很大，进而增加了 ADC 输入驱动电路的设计难度。当各比特位转换所需要的时间存在差异时，将产生孔径误差使转换器的动态特性变坏，因此该结构适用于 8 位以下的数据转换。

2. 逐次逼近型 ADC

逐次逼近型 ADC 的结构如图 4.37 所示，其由一个比较器、一个 N 位数模转换器(digital to analog converter，DAC)、一个 N 位寄存器和数字控制逻辑组成。逐次逼近型 ADC 的工作原理是：模拟输入信号经采样/保持电路进行采样/保持，N 位寄存器首先使 N 位 DAC 的输出等于参考电压(V_{ref})的一半，然后将模拟输入 V_{in} 和 V_{ref} 通过比较器进行比较。当 V_{in} 的值比 DAC 的输出电压 V_{dac} 大时，比较器的输出为“1”，同时 N 位寄存器的最高比特值被存为“1”，当 V_{in} 的值比 V_{dac}

的值小时，比较器的输出为“0”，同时 N 位寄存器的最高比特值被存为“0”。这样依次从第一位直到最后一位确定输出值后转换结束，输出 N 位数字信号。

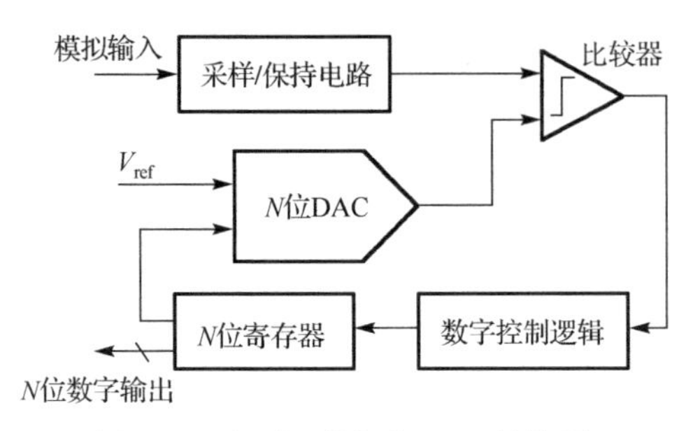

图 4.37　逐次逼近型 ADC 结构图

逐次逼近型 ADC 的这种串行工作方式决定了其工作速度一般较低，最高约为几百万次每秒的采样速率。但是，由于逐次逼近型 ADC 不需要运算放大器，因此功耗可以很低，而且只有一个时钟的输出延时。

3. 时间交织型 ADC

时间交织型 ADC 采用并行交织技术以获得比普通全并行 ADC 更快的速度。每个通道的 ADC 可以采用不同的结构，一般采用并行或流水线结构。主要原理是利用不同相位的时钟信号，控制各个通道的 ADC，其结构及时钟控制如图 4.38 所示。输入信号经时钟 Φ_0 控制的采样/保持电路进行采样后，将信号分别送进由时钟 $\Phi_1 \sim \Phi_4$ 控制的采样/保持电路，再由各个通道内的 ADC 进行转换，每一条通道在保持周期结束前会得到一个数字输出，最后通过输出端多路选择器得到各通路转换完成的数字输出。如果每个 ADC 的采样率是 f_t，则整个 ADC 的速度是 mf_t，其中 m 为通道数量。

但是随着通道增多，时间交织型 ADC 芯片面积和功耗相应增加，对各通道之间的匹配要求越来越高，主要问题表现在控制时钟的相位偏移(clock slew)、各通道内所使用的 ADC 本身的增益误差以及失调误差等。因此，怎样解决失配、减小功耗和面积成为时间交织型 ADC 的研究重点和设计难点。

4. 流水线型 ADC

图 4.39 是典型的流水线型 ADC 结构，其由 N 个低分辨率的级联电路模块、时钟产生电路、一个全并行 ADC、基准电路和数字误差校准电路等组成。级联电路模块包含级间采样/保持电路、子 ADC 和乘积型模数转换器(multiplying digital to analog converter，MDAC)，通常采用开关电容电路实现。

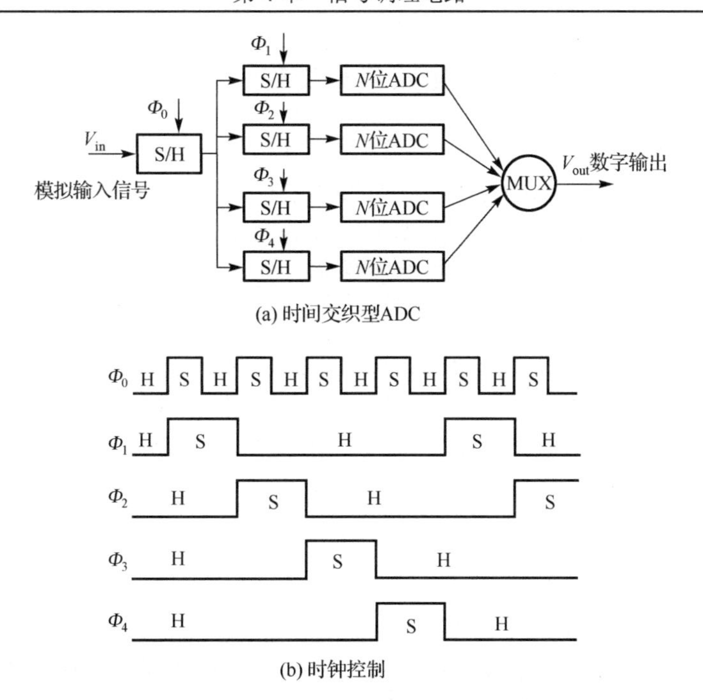

图 4.38　时间交织型 ADC 结构和时钟控制(H 代表保持，S 代表采样)

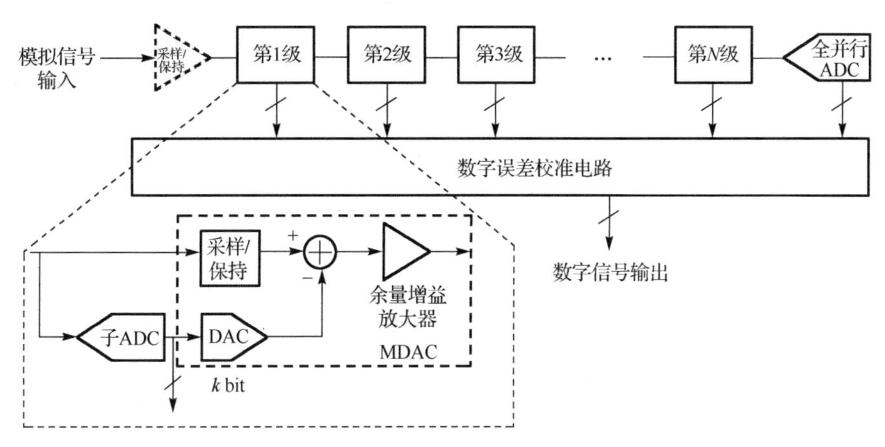

图 4.39　流水线型 ADC 结构图

流水线型 ADC 的工作原理是：输入信号进入级联电路模块，被子 ADC 粗量化，根据不同的参考电压，输出对应的数字位，数字位在 DAC 中通过乘以 V_{ref}、$-V_{ref}$、0 转化成相应的模拟信号，与输入的信号相减再乘以倍数得到余量再进行下一级的量化，这样不断地量化，输出的数字位通过数字误差校准电路延迟、累加，当最后一级比较器输出时，所有数字位一同并行输出得到数字信号。每一级电路由双相不交叠时钟控制，依次进行采样、保持，ADC 转化率由每一级电路的速度决定。

4.3.4　逐次逼近型模数转换电路典型结构

全并行 ADC 主要应用于 8 位及以下精度、高速且对功耗要求不是很严格的应用领域中。流水线型 ADC 兼顾了速度和功耗的需求，在获得高速转换的同时能获得较低的功耗，但其不能完全满足所有的应用需求。而逐次逼近型 ADC 有着天然的功耗低、面积小和结构简单的优势，随着工艺特征尺寸的不断降低以及设计技术的不断发展，逐次逼近型 ADC 的速度有了很大提升，使其在高速、低功耗的应用成为可能。而且，利用逐次逼近型 ADC 作为子 ADC，结合时间交错技术，可以实现超高速的低功耗 ADC。逐次逼近型 ADC 是以串行工作的方式对模拟输入信号逐次逼近量化，DAC 用于产生每个逐次逼近过程所需的参考电压，是逐次逼近型 ADC 中最重要的模块电路之一。根据 DAC 结构类型的不同，可以将逐次逼近型 ADC 分为电压型、电流型、电荷型和混合型等。下面将对这些不同结构的逐次逼近型 ADC 作简单介绍。在 N 位电压型逐次逼近型 ADC 中，DAC 通常采用连接在参考电压 V_{ref} 和地之间的电阻串产生一组等间隔的 2^N-1 个电压值，在逐次逼近过程中，根据前次比较结果通过译码电路选择相应的 DAC 输出电压逼近模拟电压。

图 4.40 为电压型逐次逼近型 ADC 系统结构图，其是由电阻串构成的电压型逐次逼近型 ADC，每个节点处的电压值不可能低于下面节点的电压值，所以该结构具有良好的单调性。但其缺点是：存在静态电流；随着位数的增加，需要大量的电阻和较大规模的译码电路；转换器的转换速度与每个内部节点上的寄生电容有关。

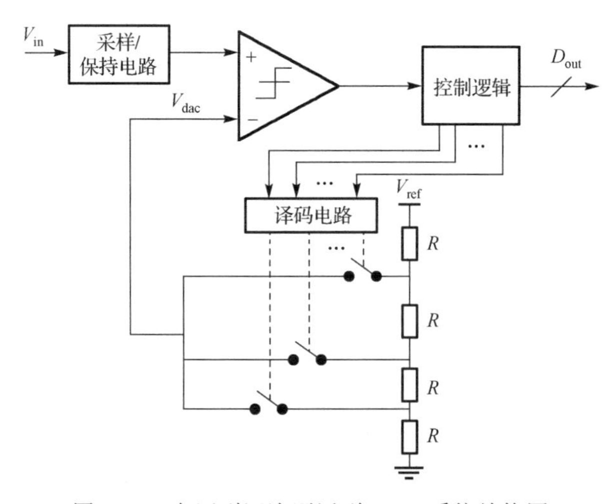

图 4.40　电压型逐次逼近型 ADC 系统结构图

电流型逐次逼近型 ADC 中的 DAC 基本元件可以采用无源电阻或者电流源构成。图 4.41 为电流型逐次逼近型 ADC 中基于 R-$2R$ 电阻串结构的 DAC。该结构 DAC 的优点是不受寄生电容的影响，可以实现快速转换，消除了大元件值分布的问题，具有较好的单调性。其缺点是对器件失配较为敏感，电阻值受温度影响比较大，不易实现高精度转换，且功耗较大。

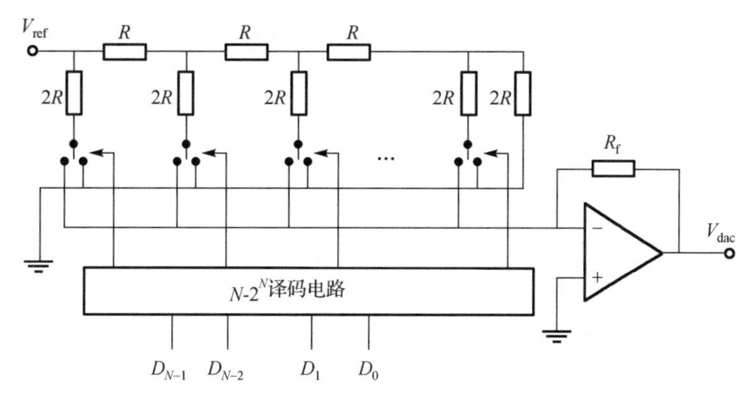

图 4.41　基于 R-$2R$ 电阻串结构的 DAC 结构原理图

在电流型逐次逼近型 ADC 中，DAC 的另一种实现形式是基于电流源结构，如图 4.42 所示。其特点是 MOSFET 的匹配精度是由其尺寸和宽长比决定的，通常不会低于电阻的精度，和电阻串结构一样可以获得很高的转换速度。但是，N 位 DAC 需要 2^N 个相同的电流源，当 N 较大时，其需要占用非常大的面积，匹配难度增加，另外还需要较大的功耗。

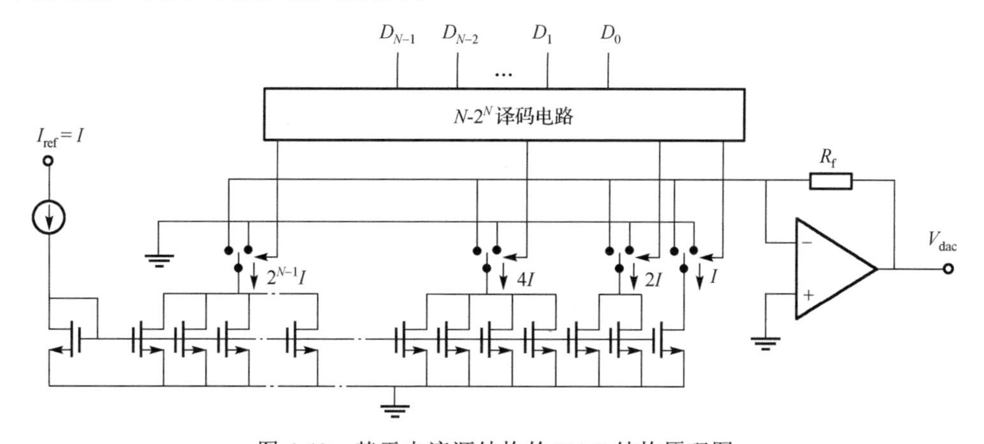

图 4.42　基于电流源结构的 DAC 结构原理图

电荷型逐次逼近型 ADC 是目前最为常见的一种结构，其 DAC 采用无源器件电容组成电容阵列。目前常用的两种电容型 DAC(CDAC)为传统电荷再分配型

CDAC 和分段结构 CDAC。图 4.43 和图 4.44 分别为传统电荷再分配型 CDAC 和基于分段结构 CDAC 的逐次逼近型 ADC 结构框图。电荷型逐次逼近型 ADC 中 CDAC 既作为参考电压产生电路，也作为采样/保持电路的一部分，省去了独立的采样/保持电路，节省了采样/保持电路的功耗。而且 CDAC 不需要静态功耗，有利于实现低功耗的逐次逼近型 ADC。另外，电容相对于电阻和电流源可以获得更好的匹配精度。但随着 ADC 精度的增加，传统电荷再分配型 CDAC 需要更大的面积并且转换速度较低。分段结构 CDAC 可以大幅降低电容阵列的面积，但低位子 DAC 中的寄生电容会带来非线性问题。

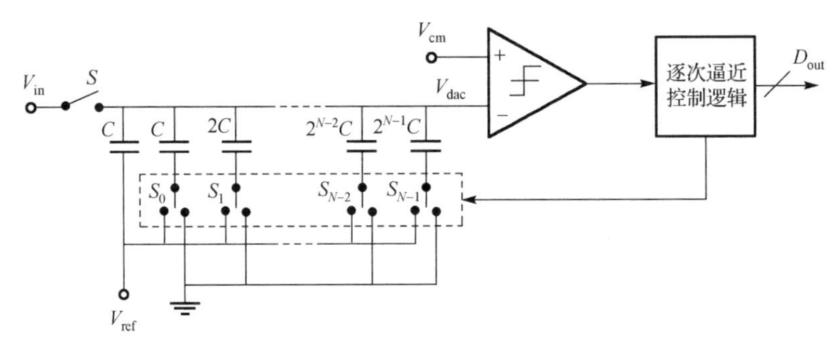

图 4.43　基于电荷再分配型 CDAC 的逐次逼近型 ADC 结构框图

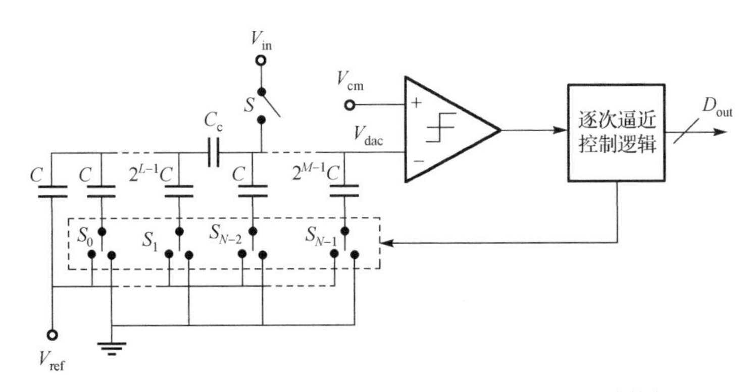

图 4.44　基于分段结构 CDAC 的逐次逼近型 ADC 结构框图

随着 ADC 分辨率的提高，DAC 的面积不断增加，其最高位对应的元件值与最低位对应的元件值之比也在增大，使得匹配精度变低。混合结构逐次逼近型 ADC 结合不同类型 DAC 的优点，在面积、速度、功耗等方面进行权衡。图 4.45 给出了一种基于电阻、电容混合结构的逐次逼近型 ADC。该方法利用电阻串实现低位子 DAC，采用电容阵列实现高位子 DAC。但电阻串构成的子 DAC 仍然存在静态功耗，且混合结构逐次逼近型 ADC 的逻辑控制电路较为复杂。

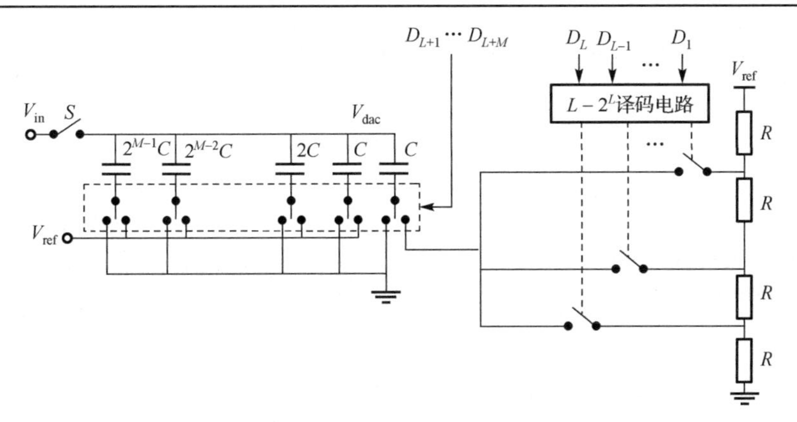

图 4.45　基于电阻、电容混合结构的逐次逼近型 ADC 原理图

4.3.5　低功耗逐次逼近型模数转换器

由于电荷型逐次逼近型 ADC 具有较低的静态功耗，因此常采用该类型 ADC 作为微传感器和接口系统中的模数转换电路。电荷型逐次逼近型 ADC 主要由采样/保持电路、电荷再分配型 DAC、比较器和逻辑控制电路等部分组成。

1. 采样/保持电路

电荷型逐次逼近型 ADC 中的采样/保持电路如图 4.46 所示，由采样开关和电容构成。图中 Φ 是采样时钟信号，V_{in} 是模拟输入电压，V_s 是采样输出电压，C_s 是采样/保持电容，即 DAC 电容阵列的等效电容。当 Φ 为高时，采样开关导通，采样/保持电容上的电压开始跟踪输入信号的变化，当 Φ 为低时，采样开关断开，采样/保持电容会将断开时刻的模拟输入电压值保存下来，实现采样/保持的功能。

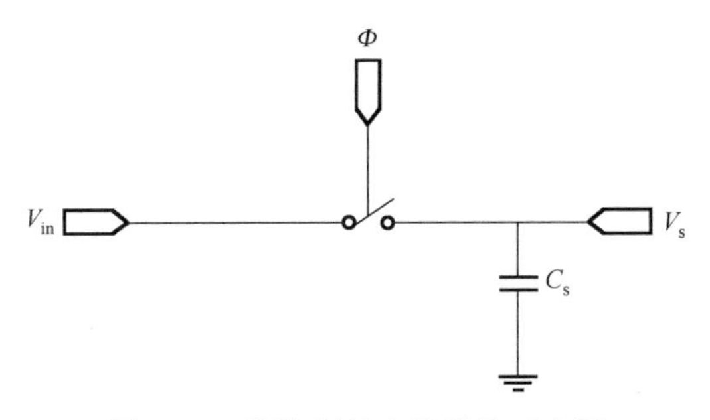

图 4.46　采样/保持电路结构示意图

基于 CMOS 工艺，采样开关通常由 NMOS 管、PMOS 管或 CMOS 管构成。MOS 管构成的采样开关在导通状态时，工作在线性区。以 NMOS 管为例，其输

入端和输出端之间的等效导通电阻 R_{eq} 按照平方率模型可以计算为

$$R_{eq}=\frac{1}{\mu_n C_{ox}\dfrac{W}{L}(V_G-V_{in}-V_{TN})} \tag{4.50}$$

其中，V_{in} 是输入电压，V_G 是 NMOS 管栅极电压，V_{TN} 是 NMOS 管阈值电压，$\mu_n C_{ox}W/L$ 是 NMOS 管的跨导参数。从式(4.50)中可以看出，导通电阻与输入电压有关，且随着输入电压值的变化呈非线性的变化。

图 4.47(a)是 NMOS 管栅极接高电平 V_{dd} 导通时，其导通电阻随输入电压值的变化情况。采用 PMOS 管构成的开关管，栅极接低电平 0 导通时，其导通电阻与 NMOS 管具有类似的特性，如图 4.47(b)所示。PMOS 管与 NMOS 管导通电阻随着输入电压值变化的趋势正好相反，因此采用互补型的 CMOS 管可以减小导通电阻值的变化量。由图 4.47(c)可以看出，导通电阻变化曲线明显平坦很多。尽管 CMOS 开关降低了其导通电阻随输入信号变化的变化量，但其导通电阻与输入信号仍然有关，使得采样/保持电路的输出电压存在随输入电压值变化的非线性误差。

一种常用的解决办法是采用栅压自举技术，图 4.48 为栅压自举技术的原理图。栅压自举技术不仅可以减小开关导通电阻随输入信号的变化，而且大的栅源电压可以降低导通电阻从而获得更高的采样带宽。保持阶段，开关 S_H 闭合、S_S 断开，自举电容 C_B 通过 S_H 充电至 V_{dd}，同时 MOS 管的栅极电压被放电到地，保证采样开关完全断开；采样阶段，开关 S_S 闭合、S_H 断开，MOS 管的栅极和源极通过开关 S_S 和自举电容 C_B 连接在一起，栅源电压 V_{gs} 被固定在 V_{dd}，而与输入信号无关。因此，在采样阶段，稳定的栅源电压减小了 MOS 管开关导通电阻的非线性变化，从而提高了采样/保持电路的线性度。图 4.49 是一种常用的栅压自举开关结构图。M_8 是采样开关，M_3、M_4 和 M_{10} 对应图 4.48 中的开关 S_H，M_7 和 M_5 对应开关 S_S，M_1 和 M_2 构成反相器用于控制开关 M_5 的通断，M_6 用于加快 M_5 的开启速度，M_9 用于防止 M_{10} 漏源电压过大。

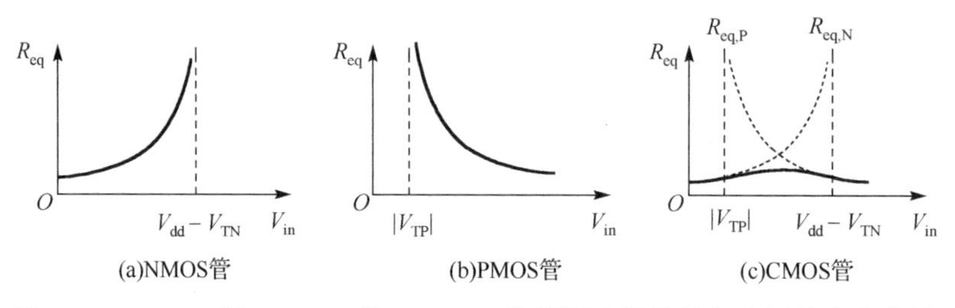

图 4.47　NMOS 管、PMOS 管、CMOS 管导通电阻随输入电压值变化曲线

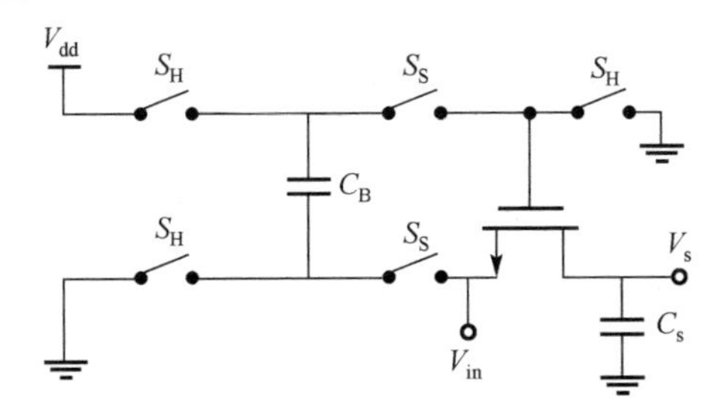

图 4.48　采样开关栅压自举技术原理图

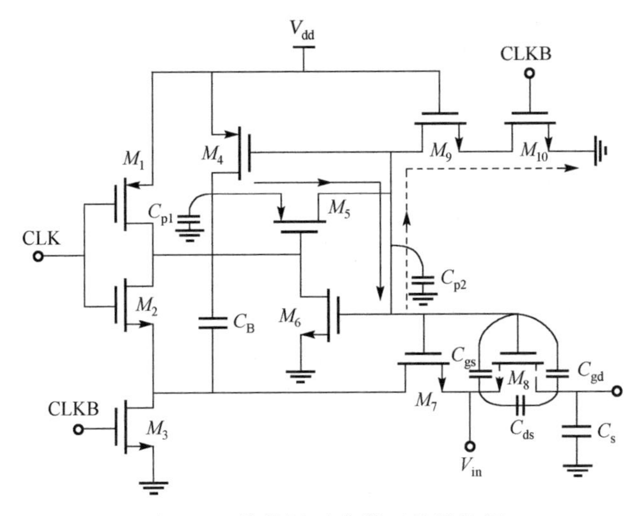

图 4.49　传统栅压自举开关结构图

栅压自举开关工作过程为：当 CLK 为低电平时，CLKB 为高电平，M_3、M_4、M_9 和 M_{10} 导通，自举电容 C_B 两端电压分别充电到 V_{dd} 和放电到地电位，同时，采样开关栅极电压放电到地电位，采样开关断开，图中虚线为采样开关 M_8 栅极的放电路径。当 CLK 为高电平时，CLKB 为低电平，M_5 和 M_7 导通，自举电容通过实线所示路径对采样开关 M_8 栅极充电，使采样开关导通。采样开关导通后，栅极电压 V_G 表示为

$$V_G = \frac{C_B + C_{p1}}{C_B + C_{p1} + C_{p2}} V_{dd} + \frac{C_B}{C_B + C_{p1} + C_{p2}} V_{in} \tag{4.51}$$

其中，C_{p1} 和 C_{p2} 分别是自举电容 C_B 上极板节点处和采样开关栅极节点处的寄生电容。导通时，采样开关栅源电压 V_{gs} 表示为

$$V_{gs} = \frac{C_B + C_{p1}}{C_B + C_{p1} + C_{p2}} V_{dd} + \left(\frac{C_B}{C_B + C_{p1} + C_{p2}} - 1 \right) V_{in} \tag{4.52}$$

可以看出，如果 $C_{p1}+C_{p2} \ll C_B$，那么采样开关的栅源电压可以近似为 V_{dd}，从

而过驱动电压近似为 $V_{dd}-V_t$。该值与输入信号无关，可以得到更加稳定且较小的导通电阻，有助于提升采样/保持电路的线性度和带宽。为了满足 $C_{p1}+C_{p2}\ll C_B$，需要在设计栅压自举开关时，选择较大的自举电容和较小尺寸的 MOS 管以减小寄生电容。

2. 电荷再分配型 DAC

电荷再分配型 DAC 中的电容元件可以实现较高的匹配精度，电容阵列不需要消耗静态功耗，具有较高的功耗效率，是逐次逼近型 ADC 中常用的 DAC 结构类型。DAC 的功耗是整个 ADC 功耗的主要组成部分，因此研究降低 DAC 功耗的技术是实现低功耗逐次逼近型 ADC 的必要手段。近年来提出了许多降低开关电容型 DAC 功耗的电容阵列结构，如分离电容阵列结构[10]、基于共模电压(V_{cm})的电容阵列结构[11]、基于单调开关策略的电容阵列结构[12]、基于三电平(tri-level)开关策略的电容阵列结构[13]、基于 V_{cm} 的单调开关策略的电容阵列结构[14]等。

图 4.50 为基于 V_{cm} 的电容阵列结构开关策略示意图以及开关切换过程中消耗的能量，图中 1、0 和 0.5 分别代表参考电压 V_{refp}、V_{refn} 和 V_{cm}，$V_{ref}=V_{refp}-V_{refn}$。采用顶板采样方式，采样完成后比较器直接进行第一次比较，完成最高位(most significant bit，MSB)量化输出，此过程不需要消耗能量。根据最高位量化结果，切换 2C 电容的状态，准备进行第二次量化，在此切换过程中消耗能量为 $1/2CV_{ref}^2$。

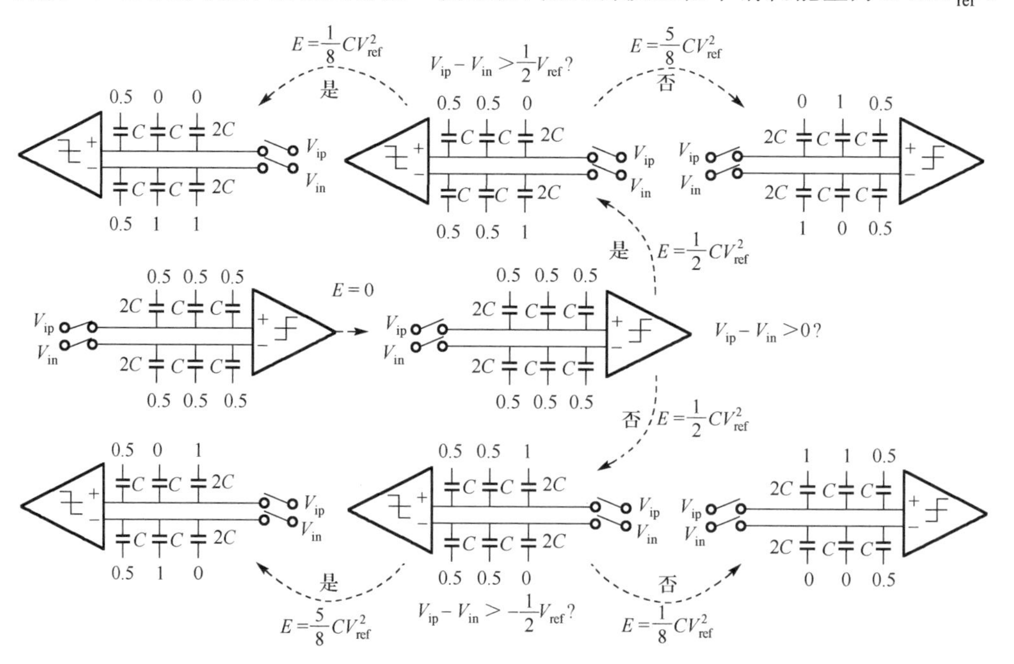

图 4.50　基于 V_{cm} 的电容阵列结构开关策略及能量消耗示意图

第二次比较后的结果继续控制1C电容的状态变化，此过程消耗的能量为$\frac{1}{8}CV_{\mathrm{ref}}^2$或$\frac{5}{8}CV_{\mathrm{ref}}^2$，确切值取决于上个时刻各个电容的状态。这一电容阵列结构与传统电容阵列结构相比开关功耗降低了87.5%，而且在开关切换过程中保持DAC输出共模电平不变。

图4.51为基于单调开关策略的电容阵列结构以及开关切换过程中消耗的能量示意图，图中1和0分别代表参考电压V_{refp}、V_{refn}，$V_{\mathrm{ref}}=V_{\mathrm{refp}}-V_{\mathrm{refn}}$。由于顶板采样，最高位量化时DAC不消耗能量。根据最高位量化结果，切换2C电容的状态，准备进行第二次量化，在此切换过程中消耗能量为CV_{ref}^2。与传统电容阵列结构相比，基于单调开关策略的电容阵列结构的功耗降低了81.3%。这一结构的优点是控制策略简单，易于实现，但与基于V_{cm}结构相比功耗较大，DAC输出共模电平变化较大。

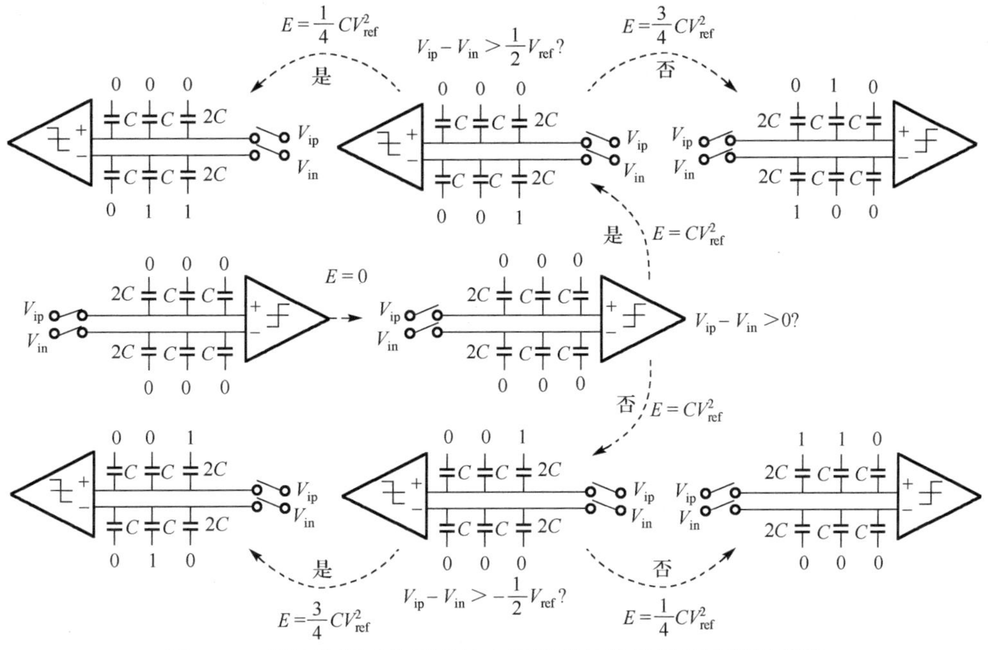

图4.51　基于单调开关策略的电容阵列结构及能量消耗示意图

3. 比较器

比较器是实现模拟信号到数字信号转换的关键元件，通过采样/保持电路获得的离散模拟信号幅值经过比较器判决之后被量化为数字信号。在逐次逼近型ADC中，通常采用锁存器作为基础的时钟控制再生型比较器结构，锁存器中的晶体管以正反馈的方式连接，从而获得更快的比较速度、更低的功耗和更小的面积。

锁存器是时钟控制再生型比较器常用的基本电路，由两个交叉耦合连接的反相器构成正反馈。如图 4.52(a)所示，第一个反相器由 M_1 和 M_3 构成，第二个反相器由 M_2 和 M_4 构成。当 V_1 和 V_2 相等时，锁存器处于亚稳态。如果引入一个小的扰动电压$\Delta V_0=V_1(t=0)-V_2(t=0)$，正反馈将被激活，锁存器逐步离开亚稳态，随着时间的推移，锁存器最终进入稳态。稳态时锁存器中 V_1 和 V_2 的值取决于ΔV_0的极性，如果ΔV_0为正，则 V_1 等于 V_{dd}，V_2 等于地电位；如果ΔV_0为负，则 V_1 等于地电位，V_2 等于 V_{dd}，如图 4.52(b)所示。

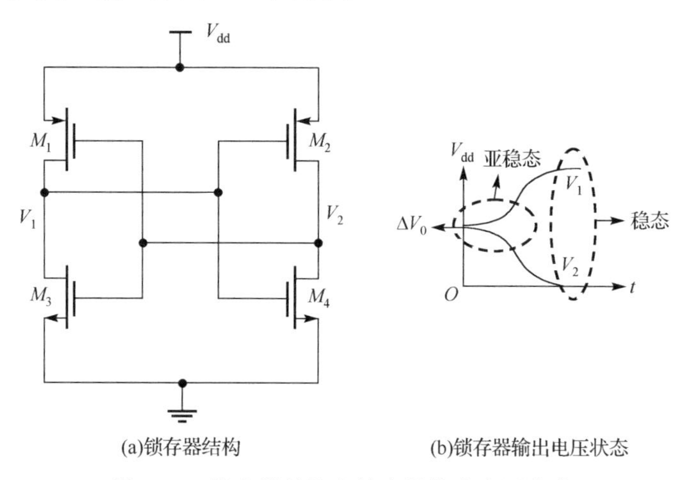

图 4.52　锁存器结构和锁存器输出电压状态

图 4.53 是一个基于锁存器的动态比较器，锁存器中插入一个时钟控制的尾电流管 M_3，比较器输入信号通过差分输入对管 M_1 和 M_2 耦合到锁存器中。M_8～M_{11}

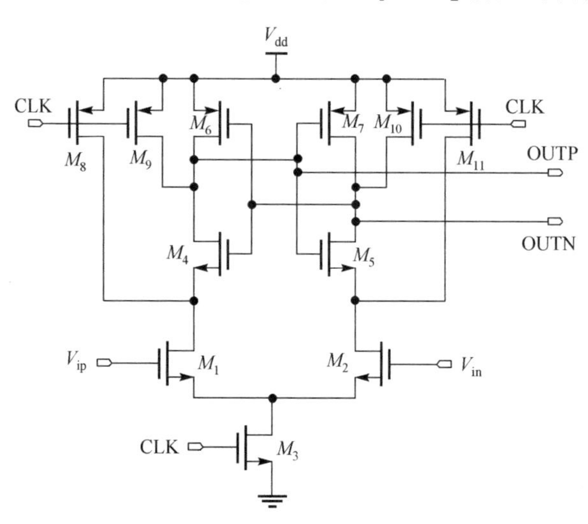

图 4.53　基于锁存器的动态比较器

为复位管，当时钟信号 CLK 为低时，比较器进入复位模式，差分输出端都被充电到 V_{dd}；当 CLK 为高电平时，比较器进入再生模式，将差分输入小信号放大至逻辑高低电平。与静态锁存器比较器相比，该动态比较器只有在复位过程及再生过程中存在电流回路，当复位完成或再生完成后电流回路将被切断，因此不存在静态功耗。但此种结构存在回踢噪声大的缺点，而且电源轨之间堆叠的晶体管较多，随着电源电压的降低，电压余度变小，对比较器的速度影响较大。

图 4.54 为基于动态预放大锁存器比较器，最早由 Schinkel 等提出[15]，它由动态预放大级和动态锁存器两部分组成，又称为两级动态比较器。两级动态比较器在电源轨之间具有较少的堆叠晶体管，使其比较适合低电源电压应用。预放大级可以采用较小的电流以获取较低的失调电压，锁存级可以采用较大的电流从而快速地再生逻辑电平信号。输出节点与输入端之间经过级间晶体管 M_{s1} 和 M_{s2} 隔离，有效地降低了回踢噪声。比较器的两级都采用动态配置，使其不消耗静态功耗，因此两级动态比较器非常适合于逐次逼近型 ADC。

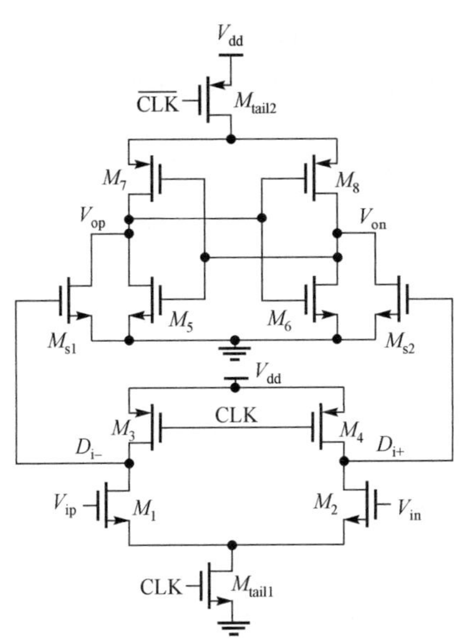

图 4.54　基于动态预放大锁存器比较器

参 考 文 献

[1] van den Dool B J, Huijsing J K. Indirect current feedback instrumentation amplifier with a common-mode input range that includes the negative roll[J]. IEEE Journal of Solid-State Circuits, 1993, 28(7): 743-749.

[2] 毕查德 •拉扎维. 模拟 CMOS 集成电路设计[M]. 陈桂灿, 等译. 西安: 西安交通大学出版社, 2003.

[3] Steyaert M S J, Sansen W M C. A micropower low-noise monolithic instrumentation amplifier for medical purposes[J]. IEEE Journal of Solid-State Circuits, 1987, 22(6): 1163-1168.

[4] Harrison R R, Charles C. A low-power low-noise CMOS amplifier for neural recording applications[J]. IEEE Journal of Solid-State Circuits, 2003, 38(6): 958-964.

[5] Gosselin B, Sawan M, Chapman C A. A low-power integrated bioamplifier with active low-frequency suppression[J]. IEEE Transactions on Biomedical Circuits and Systems, 2007, 1(3): 184-192.

[6] Rai S, Holleman J, Pandey J N, et al. A 500μW neural tag with 2μVrms AFE and frequency-multiplying MICS/ISM FSK transmitter[C]. IEEE International Solid-State Circuits Conference—Digest of Technical Papers, IEEE, 2009: 212-213.

[7] Enz C C, Temes G C. Circuit techniques for reducing the effects of OP-AMP imperfections: Autozeroing, correlated double sampling, and chopper stabilization[J]. Proceedings of the IEEE, 1996, 84(11): 1584-1614.

[8] 董在望. 高等模拟集成电路[M]. 北京: 清华出版社, 2004.

[9] van Valkenburg M E, Shaumann R. Design of Analog Filters[M]. Boston: Oxford University Press, 2001.

[10] Ginsburg B P, Chandrakasan A P. 500-MS/s 5-bit ADC in 65-nm CMOS with split capacitor array DAC[J]. IEEE Journal of Solid-State Circuits, 2007, 42(4): 739-747.

[11] Zhu Y, Chan C H, Chio U F, et al. A 10-bit 100-MS/s reference-free SAR ADC in 90nm CMOS[J]. IEEE Journal of Solid-State Circuits, 2010, 45(6): 1111-1121.

[12] Liu C C, Chang S J, Huang G Y, et al. A 10-bit 50-MS/s SAR ADC with a monotonic capacitor switching procedure[J]. IEEE Journal of Solid-State Circuits, 2010, 45(4): 731-740.

[13] Yuan C, Lam Y. Low-energy and area-efficient tri-level switching scheme for SAR ADC[J]. Electronics Letters, 2012, 48(9): 482-483.

[14] Zhu Z, Xiao Y, Song X. VCM-based monotonic capacitor switching scheme for SAR ADC[J]. Electronics Letters, 2013, 49(5): 327-329.

[15] Schinkel D, Mensink E, Klumperink E, et al. A double-tail latch-type voltage sense amplifier with 18ps setup+ hold time[C]. IEEE International Solid-State Circuits Conference—Digest of Technical Papers, IEEE, 2007: 314-604.

第5章　自供能技术及其电路设计

当前传感器正朝着微型化、智能化的方向发展。随着无线传输模块成本的降低和尺寸的缩小，已经有越来越多的智能微传感器带有无线数据传输的功能，推动了传感器的应用和普及。传感器应用中，传感器的供电越来越成为影响传感器信号感知、信号处理和信号收发能力的限制因素。当前，大部分的传感器应用仍采用电池供电或有线供电的方式，极大地限制了传感器的寿命和所能发挥的性能。例如，在大面积的森林、海洋中覆盖传感器组成无线传感网的应用，采用有线供电方式需要高昂的成本，采用电池供电方式也需要高昂的电池替换成本；又如，在人体中植入传感器，采用有线供电方式会带来感染的风险，无法长期使用，采用电池供电方式会极大地增加器件体积，也会带来风险，甚至导致无法植入。

一种可行的解决能量供应的方法是能量采集技术，从环境中采集能量来给传感器直接供电，也可以给传感器携带的电池供电，从而实现传感器的自供能。尽管传感器工作环境中的光能、热能、电磁能、振动能都可以进行采集，但是这种方法也有其缺陷：一方面可靠性和稳定性不高，能量采集方式和可行性高度依赖于环境，对于可靠性要求高的应用不一定适合；另一方面能量密度不高，可能无法满足传感器的功耗要求。一种替代能量采集这种被动地从环境获取能量的方式是利用无线的方式主动地给传感器提供能量，例如，利用磁场或者电场耦合的方式，从主动设置的能量源处进行无线能量传输(wireless power transfer)，从而达到稳定可靠地提供足够能量的效果。不管是能量采集技术还是无线能量传输技术，目前仍处于起步阶段，有许多问题值得研究。

环境中的能量经过换能器转化出来的能量形式主要以交流的形式存在，无线电能传输获得的能量也以交流形式存在，这些能量需要经过交流-直流转换电路(AC-DC，即整流电路)转化为直流，再经过直流-直流转换电路(DC-DC)和/或稳压电路得到一个稳定的直流电压源。有些能量采集方式获得的能量形式以直流形式存在，它可以不需要整流电路。有些能量采集技术(如热电能量采集技术)经换能器得到的直流能量非常微弱，可能需要先将直流采用逆变(直流-交流，DC-AC)技术转化成幅值较高的交流形式，再经过整流和稳压才能使用，限于篇幅，本章不介绍这种特殊的情况。本章 5.1 节简要介绍现有的能量采集技术和无线能量传输技术，5.2 节介绍 AC-DC 整流电路，5.3 节介绍稳压电路。

5.1　自供能技术

5.1.1　能量采集技术

如图 5.1 所示，能量采集技术可将环境中各种形式的能量转化为电能，环境中常见的能量有光、热、振动和电磁波等。这些能量形式经过能量采集装置转化为直流电或交流电，再经整流、稳压等电源变换后，直接给传感器供电或者给电池等能量储存单元充电。

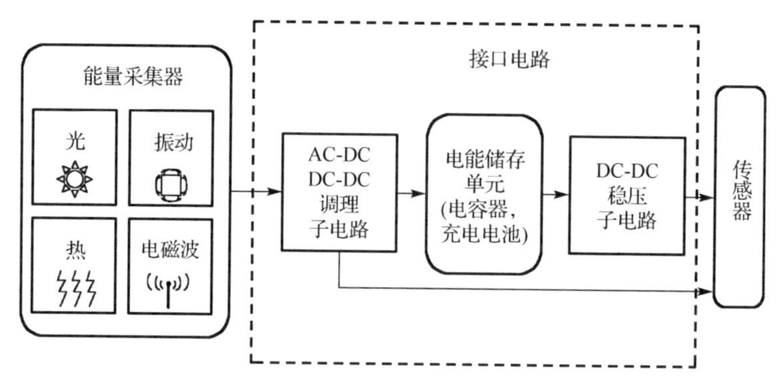

图 5.1　环境能量向传感器供电示意图

能量采集技术依赖于传感器所处的环境，不同的能量来源有不同的能量密度和采集方式。表 5.1 为几种常见的能量来源及能量密度。

表 5.1　环境中常见的能量来源及能量密度

能量来源	能量密度/(μW/cm^3)
阳光	15000(直射)；150(多云)；6(室内)
热	15(10℃温度梯度)
振动	100～200
电磁波	约 0.96

1. 太阳能量采集

太阳能是早已被人们利用的一种环境能源，利用半导体材料的光伏效应将太阳能转化为直流电流，根据光伏材料表面积的大小和光照的大小不同，可以提供微瓦(μW)至兆瓦(MW)级别的能量。室外，在日光直射下其典型的能量密度可以达到 500W/m^2，效率可达 15%(多晶硅)～25%(非晶硅)。而在室内照明水平下，其能量密度可达到 10W/m^2，效率在 2%(多晶硅)～10%(非晶硅)。目前，已经有不少利用太阳能给无线传感网的传感节点进行供电的例子[1]。

2. 振动能量采集

振动在人们日常生活和工作中广泛存在，如由风引起叶子的振动、由行人和汽车引起桥梁的振动等。当激励源的频率和机械结构自身的固有频率相同时，机械结构自身还会产生剧烈的振动，实现振动幅度的放大。利用这些机械结构的位置移动和能量转换装置，即可实现由机械能到电能的转化。机械能采集具有不受昼夜和天气等因素的影响、能量密度相对较高的优点。常见的振动能量采集方式有压电式、电磁式和静电式等。

1)压电式能量采集

压电式能量采集是振动能量采集中最为常见的一种方式，利用压电材料将机械压力转化为电能。压电材料一般分为三类：①无机压电材料，分为压电晶体和压电陶瓷，用钛酸钡(BT)、锆钛酸铅(PZT)、铅镁铌铅钛酸铅(PMN-PT)、铌酸铅钡锂(PBLN)、改性钛酸铅(PT)等材料制作而成。因为压电陶瓷具有压电性强、介电常数高，且可以加工成任意形状的优点，已得到广泛的应用。②有机压电材料，又称压电聚合物，如偏聚氟乙烯(PVDF)薄膜及其他有机压电薄膜材料，具有材质柔韧、低密度、低阻抗和高压电常数等优点。③复合压电材料，这类材料是在有机聚合物基底材料中嵌入片状、棒状、杆状或粉末状压电材料构成的。

在结构形式上，压电振动能量的典型装置通常以悬臂梁为基础[2]。悬臂梁振动时压电元件会产生应变，通过正压电效应产生电荷输出，图 5.2 为其结构示意图。基于悬臂梁进行能量采集最大的缺点在于当激励频率偏离悬臂梁自身的一阶谐振频率时，能量采集系统的功率会急剧下降。而现实中的激励往往含有时变、随机的性质，因此需要发展宽频能量采集技术，使能量采集器进一步提高适应环境的能力，如可以通过增加悬臂梁阵列、非线性双稳态系统等方法来实现[3]。

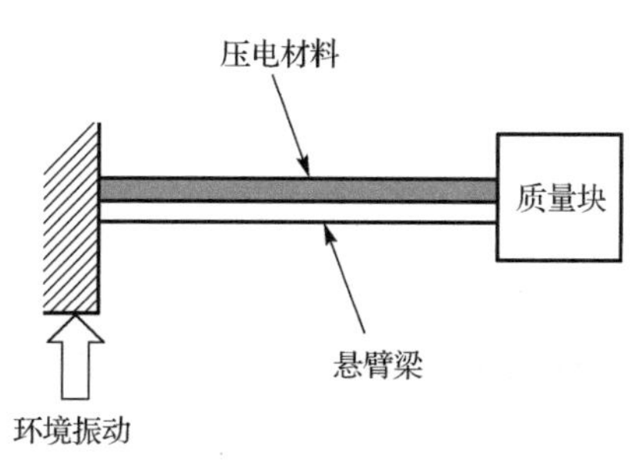

图 5.2　基于悬臂梁结构的压电式能量采集

2) 电磁式能量采集

电磁式能量采集技术是利用法拉第电磁感应定律将振动能量转换为电能的一种技术。图 5.3 为一个基本的电磁式能量采集装置，由永磁体、线圈和振动结构（如弹簧）构成。外界环境会引起弹簧的振动，并带动永磁体的移动，导致线圈的磁通量发生变化，在线圈上产生电压。相比压电式采集，这种能量采集的装置不需要使用特殊材料，因此成本较低，但是通常需要占用较大的体积。电磁式能量采集的工作频率较低，其输出功率也较小[4]。

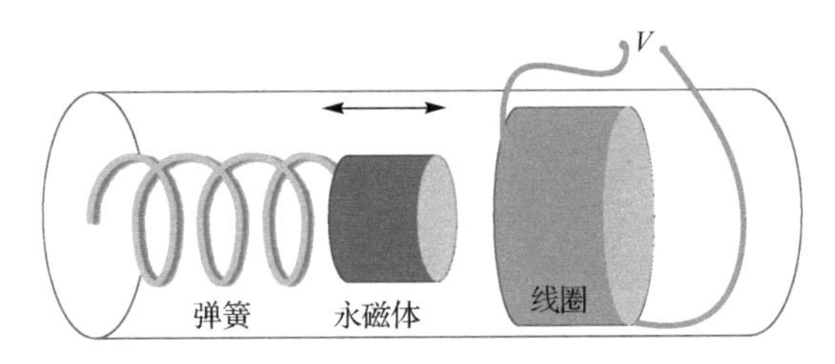

图 5.3　电磁式能量采集原理图

3) 静电式能量采集

静电式振动能量采集方法通过改变电容来产生电能，在振动能量采集结构开始输出电能之前，需要对电容施加初始电压，当外界环境振动引起电容中储存电荷量发生改变时，在回路中形成电荷流动，从而为负载提供电能。在微传感器中，需要采用 MEMS 工艺制作微型可变电容。

MEMS 可变电容的优点在于高 Q 值、宽调谐范围、低噪声、体积小、质量小等。MEMS 可变电容可分为平行板结构和叉指结构。其中，平行板结构可变电容通过调节在微机械弹簧悬浮面上的电极与衬底电极间的垂直距离，实现电容值的调节；叉指结构可变电容包括面积调谐可变电容和距离调谐可变电容，即通过改变梳状交错程度来调节电容或通过改变梳状相对距离来调节电容。依据 MEMS 可变电容原理的不同，静电式能量采集结构可以分为基于平行板可变电容的能量采集结构、基于面积调谐叉指可变电容的能量采集结构和基于距离调谐叉指可变电容的能量采集结构，其结构示意图如图 5.4 所示。

3. 热电能量采集

根据塞贝克效应，存在温度差的两种材料的两端会存在一个温差电动势，在这个电动势的两端接上负载即可采集热电能量。图 5.5 是热电能量采集示意图，将 P 型和 N 型两种不同类型的热电材料一端相连形成一个热电偶，将热电偶的两端分别置于高温和低温状态。由于热激发的驱动，P(N) 型材料高温端空穴（电子）浓度高于低温端，在这种浓度梯度的作用下，空穴（电子）向低温端扩散，电荷在

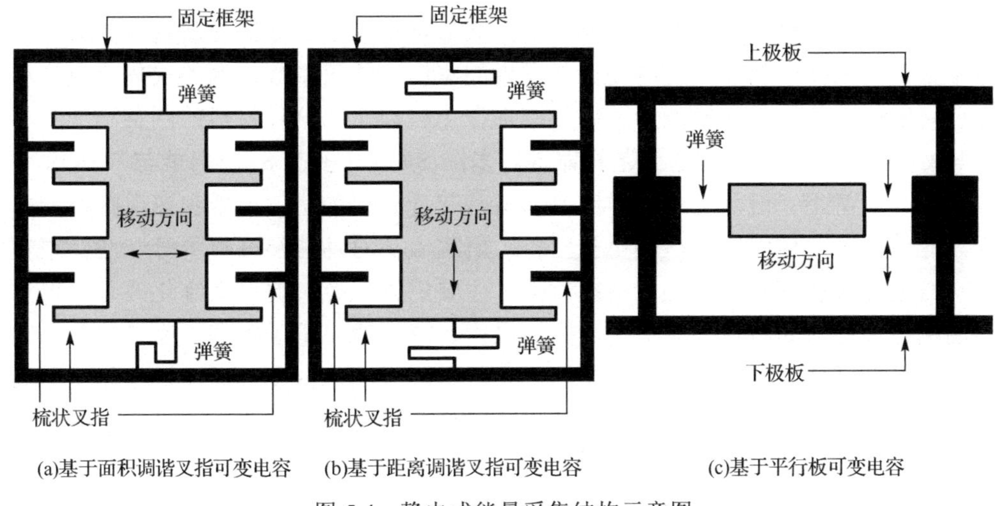

(a)基于面积调谐叉指可变电容　(b)基于距离调谐叉指可变电容　(c)基于平行板可变电容

图 5.4　静电式能量采集结构示意图

低温端积累，从而在热电偶的另一端形成电势差。这样热电材料通过高低温端间的温差完成了从热能到电能的转换。一个 PN 结形成的电动势很小，而如果将很多这样的 PN 结串联起来形成热电堆，就可以获得足够高的电压，从而得到一个可以实现热电转换的能量采集器。温差梯度越大，采集的热电能就越大。总体而言，热能采集的效率较低，仅为 5%左右。

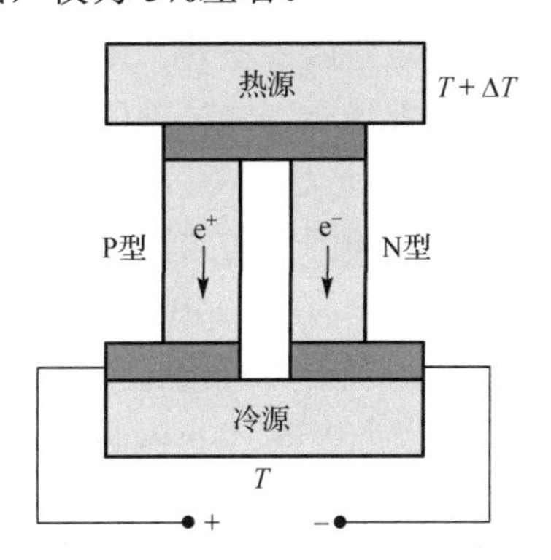

图 5.5　热电能量采集示意图

热电材料作为热电能量采集器的核心部分，很大程度上决定了器件的输出性能，常用优值系数 Z 来表征热电材料的性能，$Z=\alpha^2\sigma/\lambda$，其中 α 为热电材料的塞贝克系数；σ 为材料的电导率；λ 为材料的热导率。金属热电材料、Bi-Te 基热电材料、多晶 SiGe、多晶 Si 等半导体热电材料和超晶格、准晶等新型热电材料是当前常见的几种热电材料。

由于金属材料的电导率和热导率比值为常数，所以想在减小热导率的同时提高电导率非常困难，加上金属的塞贝克系数通常都很小，导致金属热电材料发电效率很低。Bi_2Te_3 基热电材料是已经发现的室温下优值系数最高的块体热电材料之一，但是用其制作的换能器发电效率都在 10%以下。这种材料的制备和加工不能与 CMOS 或 MEMS 制造工艺相兼容。多晶 SiGe 和多晶 Si 材料能与 CMOS 和 MEMS 工艺兼容，但是这些材料比 Bi_2Te_3 基热电材料的优值系数和热电转换效率低。此外，除了传统的这些热电材料外，研究人员对功能梯度材料等一些新型热电材料进行了研究，提高热电转换性能，主要的方法有：通过低维化改善热电材料的输运性能，如将材料做成量子阱超晶格、量子线、量子点等；通过掺杂修饰材料的能带结构，增大材料的带隙和费米能级附近的态密度；通过梯度化使不同材料工作在各自最佳的温度区间，在扩大材料应用温度范围的同时又获得各段材料的最佳优值系数[5]。

4. 电磁波能量采集

随着无线通信的普及，无线电磁波广泛存在于我们的周围，利用电磁波进行能量的采集，也是解决传感器能量供应的方式之一。通常，我们采集的电磁波能量在射频频段，因此电磁波能量采集又称为射频能量采集。射频能量相比于太阳光线，因为波长更大而具有更好的穿透性，相比于振动能、热能等能量源，可以进行较远距离的能量传输。同时，电磁波本身可以携带信息，因此可以进行信息和能量一起传输。但是，考虑到应用的安全性，电磁波能量的功率密度较低，通常在微瓦(μW)量级，在低输入功率场合下能处理的入射功率的灵敏度一般可达到–20dBm，而有些倍压整流电路最低可处理–32dBm 的射频功率。

电磁波能量采集的效率受多方面因素的共同影响。当入射功率较低、接近周围环境分布水平时，效率会明显下降。在–20dBm 的输入功率下的效率仅为 18%，当发射源输出功率一定时，效率与发射源及接收天线的距离有关，会随距离增加而下降。电磁波功率密度较低，若要获得 100μW 以上的能量，接收天线的面积必须超过 $0.1m^2$。过大的天线尺寸成为阻碍其发展的不利因素，使得电磁波能量短期内难以成为无线传感器有效的能量源。但是周围环境中广泛分布着广播、手机信号、无线局域网等射频信号，且功率密度随着无线通信和广播等通信设施的增加还会持续提高。这一趋势使得电磁波能量采集在无线传感网络和其他一些植入式电子设备中具有广阔的应用前景。

5.1.2　无线能量传输技术

早在 19 世纪 80 年代，特斯拉开始了无线能量传输技术的研究。在之后近一百年，以美国、日本为主的研究机构和公司利用微波技术进行了远距离无线电能传输技术的论证和研发。到 20 世纪 90 年代，新西兰奥克兰大学的研究人员对近距离感应耦合技术进行了深入研究，在大功率应用场合如电动汽车的无线充电上具有很好的应用前景，但无线能量传输一直没有得到广泛应用。2007 年，麻省理工学院的研究人员采用磁耦合谐振原理实现了中距离的无线能量传输，可在 2m 的距离内将 60W 的灯泡点亮，引起了研究人员对此技术的重新关注。无线能量传输技术目前已在消费类电子、生物医疗电子方面得到了不少应用，在微传感器的无线供电上具有广阔的应用前景。

无线能量传输技术根据传输机理的不同，可以分为近磁场耦合、远场电磁辐射、近电场耦合、超声耦合、激光等方式，下面将对这些技术的原理做简要介绍。

近磁场耦合方式分为磁感应耦合和磁耦合谐振两种方式，两种方式的等效电路可用图 5.6 描述，其中发送端电源电压 V_s 可由逆变器产生，也可直接由交流电源提供，L_1 和 L_2 分别是发送端和接收端的线圈电感，它们通过磁场进行耦合。在发送端和接收端，通常需要插入阻抗匹配网络来提高传输功率和效率。磁耦合谐振方式是指利用自身携带的寄生电容或者外加的阻抗匹配网络使发送和接收线圈的谐振频率与系统工作频率达到相等。

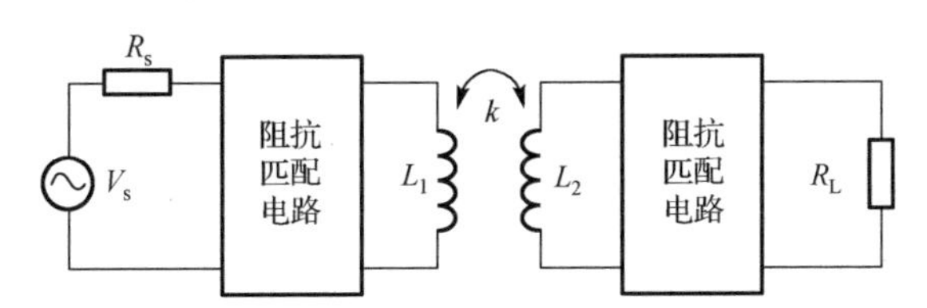

图 5.6　近磁场耦合无线能量传输等效电路

远场电磁辐射无线能量传输基本结构如图 5.7 所示，主要由射频功率源、发射天线和整流天线组成。其接收端与电磁波能量采集技术的接收端设计可以相同，但是这里的发送端是专门为传感器的无线能量供应设置的。与近场磁耦合无线能量传输相比，这种方法牺牲了能量传输效率来获得更大的覆盖面积。为了实现较高的能量传输效率，可以在发送端进行波束的控制，如采用波束成形的方法可以使能量会聚，但是波束聚焦的方法需要保证发送和接收之间的对准。因此，能量覆盖面积大小和能量传输效率是一对矛盾，在实际应用中需要合理配置。

采用激光无线能量传输技术事实上是远场电磁辐射进行波束聚焦后的一个特例，其传输原理如图 5.8 所示，激光发射器发射出特定波长的激光，通过光学发射天线进行光束的集中和整形处理后发射，经光学接收天线接收后用光电转换模块转化成电能。激光具有很好的方向性和聚焦性，因此可以在较远的距离内实现较高效率的能量传输，但是其发送端和接收端需要对准。

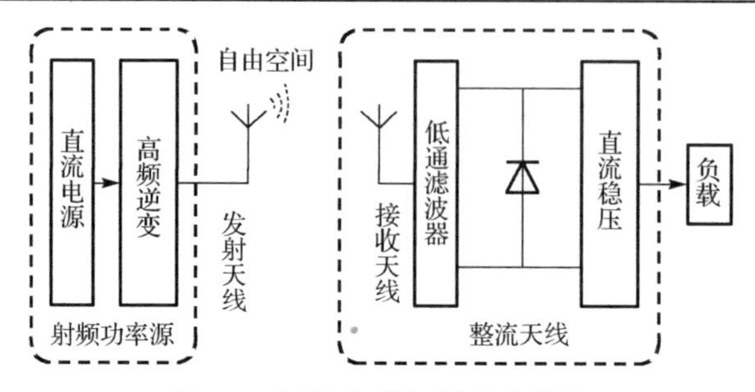

图 5.7　远场电磁辐射基本结构

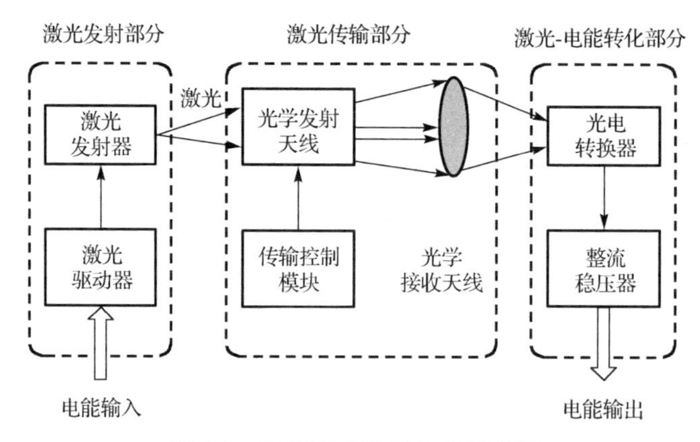

图 5.8　激光无线能量传输原理图

电场耦合无线能量传输技术利用电场进行发送端和接收端之间的能量耦合，其工作原理如图 5.9 所示，发送端的金属平板与接收端的金属平板间形成两个平板电容，发送端产生交流电在此电容上以位移电流的形式传输电能。电场和磁场具有对偶性，有助于电场耦合和磁场耦合两种工作方式的理解。相比于近场磁耦合方式，电场耦合具有更少的电磁辐射，且可以克服金属障碍物能量传输阻断的困难。但是，两个金属极板形成的电容值很小(通常介电常数的值要比磁导率的数量级小很多)，尤其是在微纳传感器上应用时，过小的电容值

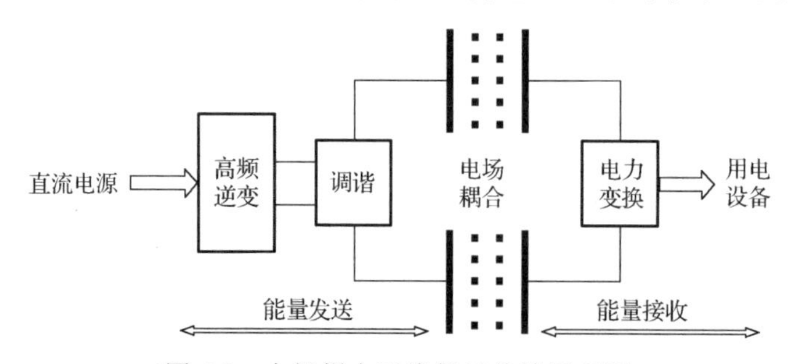

图 5.9　电场耦合无线能量传输原理图

容易受外界环境的干扰，从而影响系统的稳定性和能量传输效率，且在电容上容易形成高压。

超声耦合是一种新兴的无线能量传输技术，它利用超声波代替电磁波进行能量的传输，其工作原理如图 5.10 所示，在能量发送端利用逆压电效应进行电能到机械能(超声波)的转换，在能量接收端利用压电效应进行机械能(超声波)到电能的转换，从而实现能量的无线传输。相比于其他无线能量传输技术，超声波是一种机械波，能够在金属、水、空气等任意介质中传播，解决了磁场耦合技术不能在金属介质中传输的问题。由于超声波的波长比电磁波更短，因此有更好的方向性，也更容易实现小型化。此外，超声波在人体组织内应用时功率强度的限制更为宽松，相比于射频微波要求的小于 10mW/cm^2，超声波的功率强度要求为小于 720mW/cm^2；而且超声波在人体中的传播衰减更小，使其具有更大的传输效率。此外，这种技术不存在电磁辐射和电磁干扰等问题，对工作环境的适应性和可靠性强。

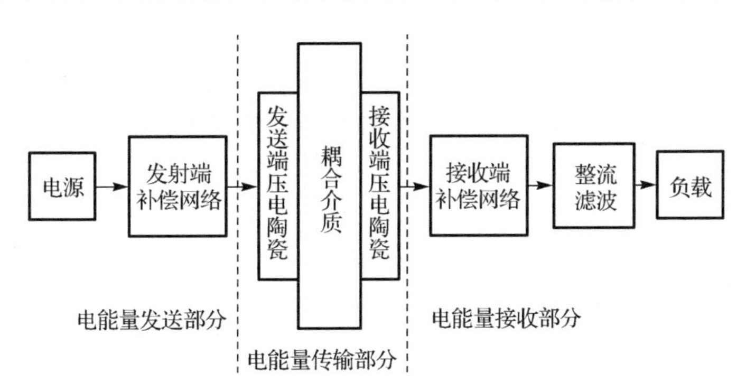

图 5.10　超声耦合式无线能量传输原理图

5.2　整 流 电 路

在环境中采集到的大部分能量形式以交流电的形式存在，如振动能、电磁波能，以主动式无线能量传输的也都为交流电。这些获取的交流电通常需要先经过 AC-DC 电路将交流电转换为直流电，再经过 DC-DC 电路才能为传感电路提供稳定的电源电压。AC-DC 电路通常由简单的全波或半波整流电路组成。但采集的能量较小时，需要用电压倍增器来提高电压和整流效率，有时也用电流倍增器来提高输出电流(如在压电转换器中)。DC-DC 电路在 AC-DC 电路之后来调整输出电压的幅值，或者为了提高整个能量采集电路的能量转换效率而进行阻抗的变换。尽管也有直接用 AC-DC 转换到所需直流电压的情况存在，但是 DC-DC 变换器通常是必不可少的，将在下面做具体介绍。

5.2.1　简单整流电路

图 5.11 是三种压电能量采集中不同的整流电路结构，这里将压电变换器等效为一个电压源 V_p 串联一个电容 C_1 和电阻 R_p，整流电路后接电容滤波器再给负载供电。图 5.11(a)是由一个二极管组成的半波整流电路，电阻 R_c 用于阻抗匹配，从而在电压源处获取更多的能量并减少给电容 C_2 的充电时间。图 5.11(b)是由二极管组成的全波整流电路。若将压电转换器内部的电容一起考虑，则可将其看成一个电压倍增电路(电压倍增电路将在 5.2.2 节进一步介绍)。图 5.11(c)是同步整流电路，与图 5.11(b)的结构类似，但是将其中的二极管用晶体管替代。这些晶体管由运算放大器驱动，而运算放大器需要电源供电。为解决能量采集电路中初始状态可能没有能量供给的问题，图 5.11(c)中的这些晶体管的寄生体二极管可作为启动电路使用：在没有电能提供给运算放大器时，图 5.11(c)的结构与图 5.11(b)电路一样，使得这种结构也能工作。在采集到的能量使运算放大器能正常工作后，当整流器的输入电压为负时(上方端口电压低于下方端口电压)，比较器 U_2 输出高电平，M_2 管导通，当整流器的输入电压为正时，比较器 U_1 输出高电平，M_1 管导通。利用晶体管的导通电压比二极管导通电压低的特性，可以减小二极管上的电压降，提高能量转换效率。

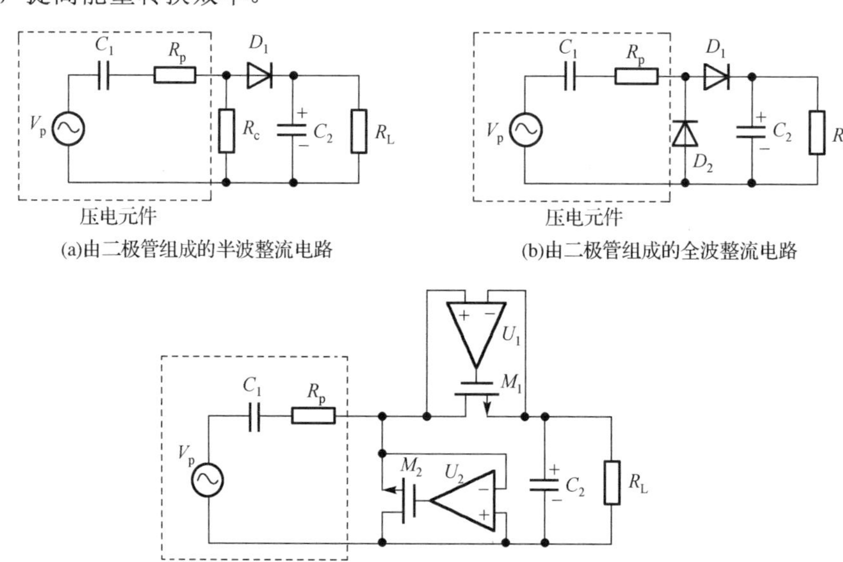

(a)由二极管组成的半波整流电路

(b)由二极管组成的全波整流电路

(c)同步整流电路

图 5.11　三种压电能量采集中不同的整流电路结构

图 5.12(a)给出了一种半波整流后接电压倍增器系统框图，尽管在半波整流时

只有一半的波形被利用，电压倍增器将整流后的电压进行了翻倍。电压倍增器的晶体管级电路如图 5.12(b)所示。当压电元件的输出电压高于电压倍增器的输入电压时，PMOS 管 M_1 导通，时钟 Φ_1 信号为高电平(时钟 Φ_2 信号为低电平)，图 5.12(b)中的电容 C_2 被充电，PMOS 管 M_3 和 M_4 导通，C_3 电容的下极板连接至输入信号端，C_3 电容的上极板连接至输出端，将前半个周期储存在 C_3 电容的电压翻倍后输出。在前半个周期中，压电元件的输出电压低于电压倍增器的输入电压，时钟 Φ_1 信号为低电平(时钟 Φ_2 信号为高电平)，PMOS 管 M_1 关闭，电压倍增器的输入信号与压电元件之间的连接断开，此时 PMOS 管 M_2 和 M_5 导通，电容 C_3 的上极板接到电容 C_2(电容 C_2 储存了输入信号的电压)，电容 C_3 的下极板接到地，为下半个周期实现电压翻倍输出做准备。

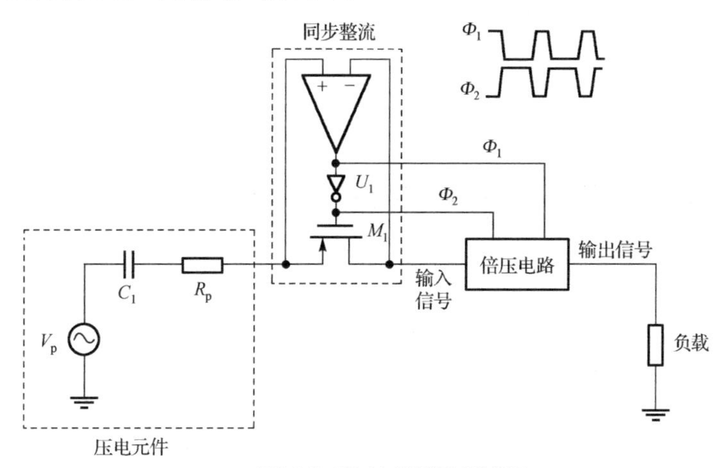

(a)半波整流后接电压倍增器系统框图

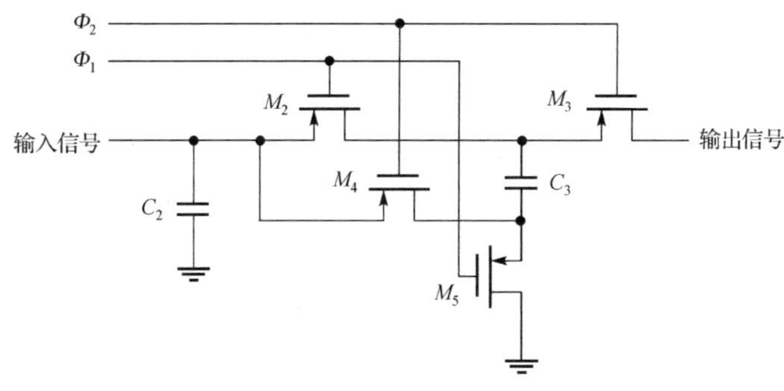

(b)电压倍增器的晶体管级电路

图 5.12　半波整流后接电压倍增器电路

上述几种整流电路中，全波无源整流电路的效率最低，同步整流(全波和半波)的效率较高，其中同步全波整流在效率和输出功率上有更好的综合性能。

图 5.13(a)是将整流后的电压通过简单的电容 C_2 滤波后直接给负载供电的例子，这里压电元件用电流源 i_P 和并联电容 C_1 代替。这种电路的缺点是加载在负载上电压纹波系数较高。为了更好地抑制纹波，可以在滤波电路后再加一个稳压电路得到质量更好的电源，如图 5.13(b)所示。当压电元件不断地提供电流给电容 C_2 充电，达到电压 V_{on} 时，控制电路检测到此阈值电压后将开关 S_1 打开给稳压器供电，再给负载供电。当电容 C_2 上电压因放电下降至电压 V_{off} 时，控制电路将开关 S_1 断开，使电容 C_2 重新被充电。

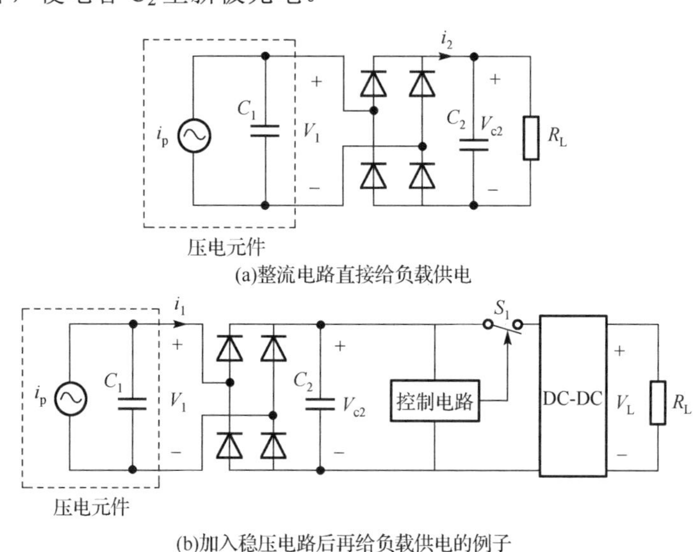

(a)整流电路直接给负载供电

(b)加入稳压电路后再给负载供电的例子

图 5.13　整流电路后直接或间接给负载供电的例子

在许多微传感器的应用场合，传感器并非持续工作，而是大部分时间处于待机状态。在这种应用场合下，上述直接给传感器负载供电而不将采集到的能量进行存储的形式，将浪费大部分能量。当采集的能量比较微弱时，极有可能导致无法满足传感器工作时的能量要求。因此，用一个电池来存储采集的能量是更合理的解决方案，如图 5.14 所示。

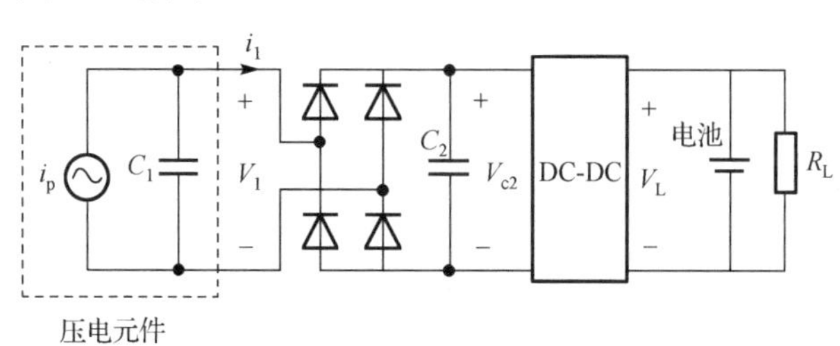

图 5.14　用电池存储能量的压电能量采集结构

利用图 5.14 中 DC-DC 变换电路，除了可以给接在其后的电池供电外，还可以利用 DC-DC 变换电路进行控制电路占空比的变化，改变 DC-DC 输出电压的幅值大小，从而提高系统的整体能量转换效率。

5.2.2　极低输入电压整流电路

当采集到的能量转换电压极低时，在将交流电转变为直流电的过程中，简单的整流电路通常不能提供足够大的直流输出。在较低甚至极低输入功率和电压情况下，二极管开启电压的存在导致整流电路无法输出直流电。尽管已经提出了多种有源整流技术来提高整流效率，很多时候不得不采用无源或有源多级电压倍增整流技术来提高输出电压和整流效率[6]。

Greinacher 倍压整流器是最早提出的一种电压翻倍电路，将 Greinacher 倍压整流电路级联后即可实现多倍压整流电路，如图 5.15(a)所示。Dickson 对此电路进行了改进，采用电荷泵和时钟来实现电压的倍增，如图 5.15(b)所示，已被广泛使用。

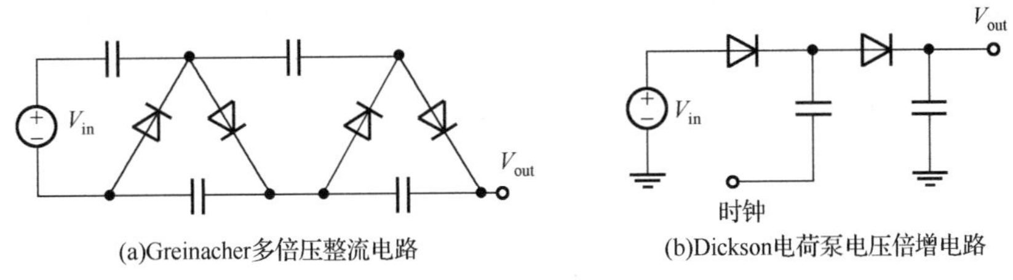

图 5.15　Greinacher 倍压整流器和 Dickson 电荷泵倍压整流电路

由多级 Dickson 倍压整流电路可以组成多倍压整流电路，如图 5.16 所示，其中的二极管可以采用二极管接法的晶体管实现，尤其是低阈值或者零阈值的二极管接法晶体管代替二极管可以显著降低二极管的导通电压。若输入是一个正弦信号，电容器 C_{p1} 和二极管 D_1 起到电平提升的作用，电容器 C'_{p1} 和二极管 D'_1 起到峰值检测器的作用。在输入信号的正半周，C_{p1} 被充电到正弦波的幅值电压 V_a，此时二极管 D_1 反偏，C_{p1} 上的电压被保持住。在输入信号的负半周，C_{p1} 两端的电压通过二极管 D_1 又被提高 V_a 电压值，达到 $2V_a$ 的电压，此时二极管 D_1 导通。在这期间，D'_1 二极管也处于导通状态，因此 C'_{p1} 也被充电至 $2V_a$ 的电压。在接下来的正弦波正半周期间，C_{p2} 在 C'_{p1} 的两端 $2V_a$ 电压的基础上被充电至 $3V_a$，在后面的正弦波负半周期间，C'_{p2} 会被充电至 $4V_a$ 电压。以此类推，理想情况下一个 N 级电路的输出电压可以输出 $2NV_a$ 的电压。

在实际中，二极管的导通压降或者二极管接法的晶体管的阈值电压、器件的寄生电容、负载等都会对倍压的效果造成影响，输出电压可以表示为

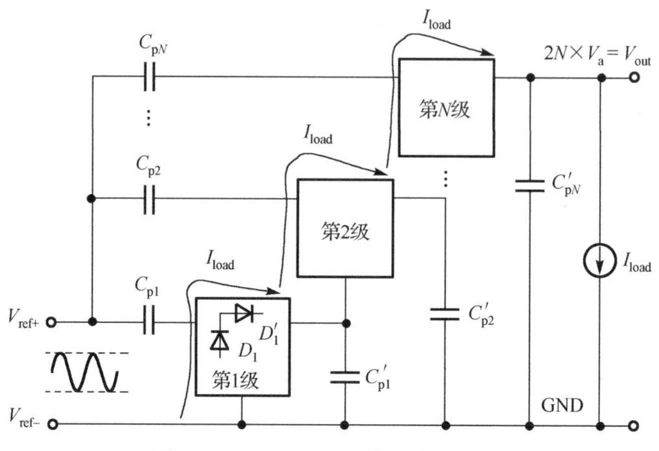

图 5.16　Dickson 多倍压整流电路

$$V_{out}=N(V_a-V_d)\frac{C_p}{C_p+C_{par}}-\frac{I_{load}}{C_p f}\tag{5.1}$$

其中，V_d是二极管的导通电压，f是载波频率，I_{load}是从整流电路输出到负载的电流，C_p是每一级的电容，C_{par}是每一级中节点的寄生电容。当使用二极管接法的晶体管或者载波频率较高时，晶体管不同工作区域、二级效应等的影响将使情况变得更加复杂。

由式(5.1)可见，为了提高输出电压的幅值，需要减小 V_d 电压和寄生电容 C_{par}。二极管压降是限制多倍压整流电路效率的主要因素。为了降低 V_d，需要增加器件的尺寸，但是这又将导致寄生电容的增加。此外，二极管的衬底寄生电阻还会带来能量损失，因此在器件的设计上要进行多方面的折中。

用二极管接法的 MOS 管代替二极管使用时，MOS 管将在一个载波周期内经历不同的工作区间，导致漏电流、电容的充放电损失等。文献[7]详细分析了这些现象，给出了如下表达式：

$$V_{out}=N\left(\frac{C_p}{C_p+C_{par}}V_a-V_{th0}-V'_{ov}\right)\tag{5.2}$$

其中，V_{th0}是阈值电压；V'_{ov}是由负载引起的下降电压，可以表示为

$$V'_{ov}=\left(\frac{15}{8}\frac{I'_{oeff}\sqrt{2\frac{C_p}{C_p+C_{par}}V_a}}{\mu_n C_{ox}W/L}\right)^{0.4}\tag{5.3}$$

其中，μ_n 是电子迁移率，C_{ox} 是氧化层电容，W/L 是晶体管的宽长比，I'_{oeff} 是有效的负载电流，且

$$I'_{oeff}=I_o+\frac{I_{so}}{\pi}\frac{W}{L}\left(1-e^{\frac{C_p}{C_p+C_{par}}\frac{V_a}{V_t}}\right)\left(1+\lambda_{sub}\frac{C_p}{C_p+C_{par}}V_a\right) \tag{5.4}$$

其中，λ_{sub} 是沟道调制系数，I_{so} 是亚阈值电流，V_t 是热电压，I_o 是整流电路的输出电流。由式(5.4)可见，即使没有负载存在，由于漏电流的存在，仍然有负载效应存在。

另外一种常见的多倍压整流结构是交叉耦合结构，又称为自驱动同步整流结构，如图 5.17 所示，它是由多个如图 5.18 所示的单级交叉耦合倍压整流电路级联组成的。当输入信号处于正半周时，开关 MOS 管 M_2 和 M_3 导通，开关管 M_1 和

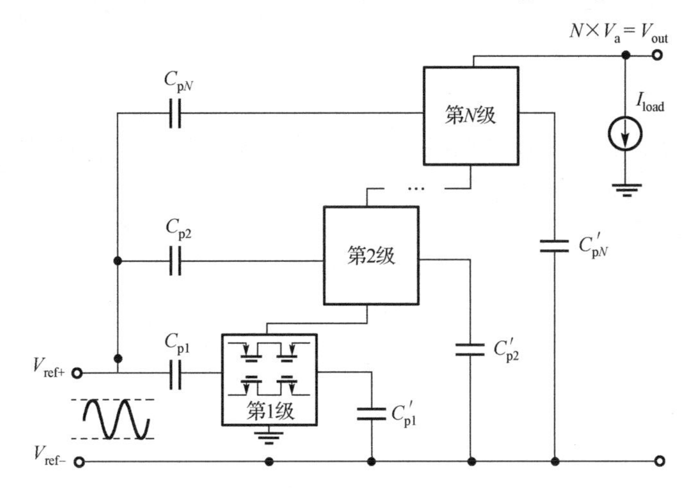

图 5.17　交叉耦合多倍整流电路

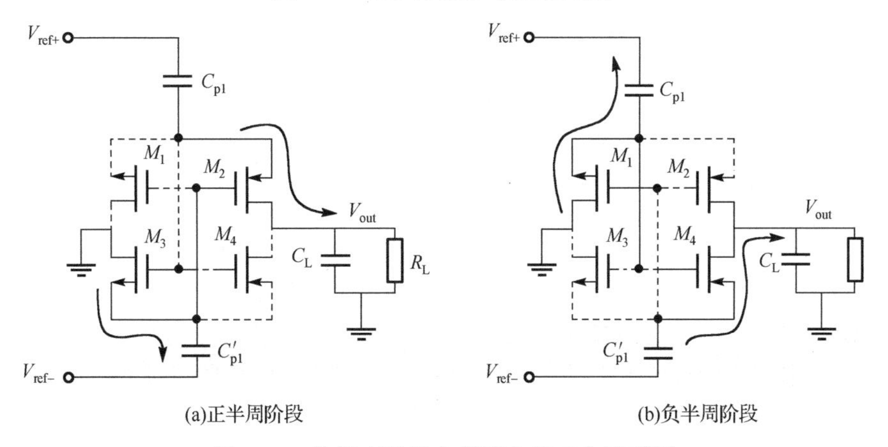

图 5.18　单级交叉耦合整流电路工作原理图

M_4 断开，电流从 V_{ref+}端经 C_{p1} 和 M_2 管流到负载，同时从 M_3 管和 C'_{p1} 到 V_{ref-}端。而在输入信号处于负半周时，电流从 V_{ref-}端流出经 C'_{p1} 和 M_4 管给负载充电，同时从 M_1 管和 C_{p1} 到 V_{ref+}端。假设在这个过程中没有电荷损失，且输入电压高于 MOS 管的阈值电压，则输出电压可以表示为

$$V_{out} = 2V_a - (V_{thn} + V_{thp}) \tag{5.5}$$

其中，V_{thn} 和 V_{thp} 分别是 NMOS 和 PMOS 管的阈值电压。N 个这样的电路级联得到的输出电压为

$$V_{out} = 2NV_a - N(V_{thn} + V_{thp}) \tag{5.6}$$

从这两个表达式可知，减少阈值电压可以提高输出电压和转换效率。增加级数也可以提高输出电压，然而随着级数的增加，级联的 MOS 管的源极和衬底之间的电压增大，由于背栅效应的影响，等效的 MOS 管的阈值电压增大。同时，由于导电能力的下降，晶体管的输出电阻增大从而导致输出电压 V_{out} 降低。另外，增大级数 N 通常会导致更大的功率损失，因此更多的时候研究人员在级数 N 固定不变的前提下来进行优化。降低阈值电压可以提高输出电压，但是低阈值电压也意味着更大的漏电流，因此阈值电压也是一个需要优化的参数。

在降低阈值电压方面，研究人员采用有源或者无源阈值电压消除技术进行了很多研究。其中一种方法是阈值电压自消除技术，其电路结构如图 5.19 所示，其中 NMOS 管的栅极电压接至直流输出节点，PMOS 管的栅极电压接到地。此电路的优点是：当输出电压较低时，有效的阈值电压会升高，从而减少反向漏电流损耗。此电路的缺点是并不能减少正向的导通损耗。

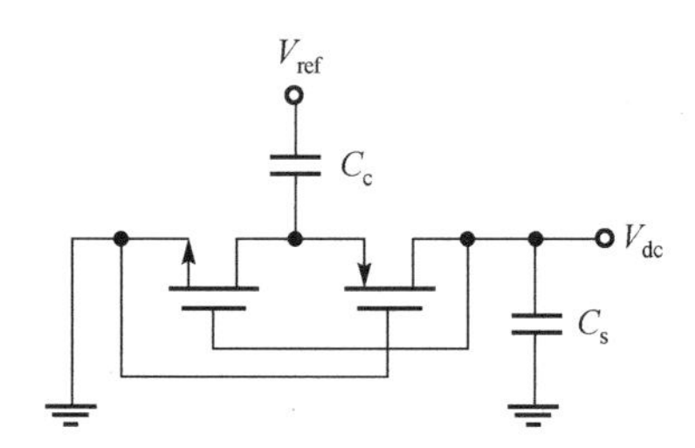

图 5.19　阈值电压自消除技术

由于具有相对较低的导通电压和稳定的温度特性，肖特基二极管在很多应用场合中得到了应用，其导通电压可以低于 150mV。但是，肖特基二极管不能与标准 CMOS 工艺兼容，需要额外的工艺才能集成。

二极管接法的 MOS 管具有比 PN 结做成的二极管更低的导通电压，但是通常具有较大的反向泄漏电流。图 5.20(a)给出了一种称为极低功率二极管(ultra-low power diodes, ULPD)的结构，它的栅极接法类似于如图 5.19 所示的阈值电压自消

除结构。ULPD 结构在正向偏置时类似于一个普通二极管，在反向偏置时电流随着反偏电压的增大在初始增大后快速剧烈下降，如图 5.20(b)所示，可以极大地降低漏电流。此外，也有研究人员提出将衬底进行动态偏置来降低正向导通电压，因为传统的将衬底接到最高或最低电位的方式将增大晶体管的导通电压。

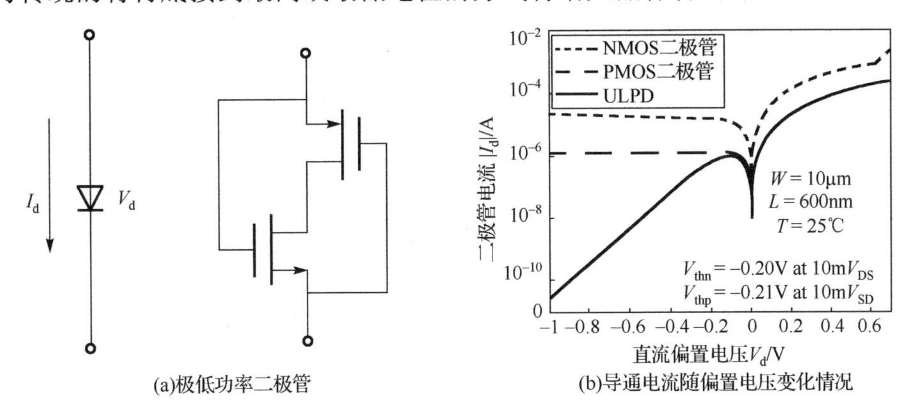

(a)极低功率二极管　(b)导通电流随偏置电压变化情况

图 5.20　极低功率二极管结构及其传输特性

上面对极低输入电压时提高整流效率的器件和技术进行了介绍，事实上，在微小能量采集应用中，还存在一个重要的问题，即宽输入范围下电路的适应问题。不同的电路结构对于不同的输入电压体现出不同的特性，例如，交叉耦合结构通常在输入电压为 0.5V 左右达到效率峰值。另外，在不同的工艺下，可实现的 MOS 管种类不同(如低阈值、零阈值 MOS 管等特殊 MOS 管)、阈值电压等参数不同，导致在某种工艺下可能存在不同的最优电路结构。更为重要的是，不同整流电路的级数具有不同的输出电压和转换效率，因此不同的输入电压下，必然存在最优的整流电路级数。已有研究人员提出采用两种具有不同级数的工作模式进行优化，采用可重构整流电路的想法，实现了自动调节整流电路级数的方法。

事实上，众多的整流结构和优化技术适应于不同的输入电压和负载条件，在宽输入范围的输入电压条件下，单纯地使用其中一种结构和技术并不能达到系统性能的最优。将不同结构、不同二极管实现形式进行交叉组合，可以实现优势互补的结构。例如，在交叉耦合结构的电压倍增整流电路(图 5.21(a))适合于输入电压较低的情况，当输入电压大于 MOS 管的阈值电压时，整流电路存在负载电容到输入端方向的泄漏电流，将大大降低整流效率。而最为常见的全波整流结构适合于较高输入电压，因此可以将交叉耦合结构和全波整流结构结合，形成如图 5.21(b)所示的结构。可以设计一个简单的电压检测电路，来控制 M_1、M_2 两个管子的连接形式，在图 5.21(a)和(b)之间进行切换，在宽输入范围内优化整流电路的效率。

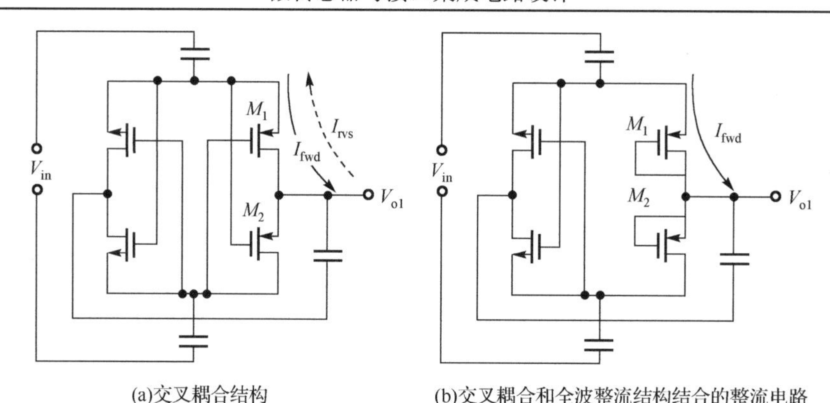

图 5.21　交叉耦合结构及其与全波整流结构结合的整流电路

5.3 稳 压 电 路

稳压电路是能量采集电源管理电路中的一个重要模块，除了在 5.2 节介绍的在整流电路之后需稳压电路进行 DC-DC 电源变换的进一步处理之外，有时候能量采集电路获取的是直流电压，这些电压不能直接用于给负载供电，仍需要进行电源变换至所需的电压。稳压电路分为线性稳压电路和开关稳压电路两种。

5.3.1 模拟线性稳压电路

典型的低压差(low dropout, LDO)线性稳压器电路结构如图 5.22 所示，包括误差放大器、功率管、反馈网络和负载。传统低压差线性稳压器电路依靠在片外的输出大电容 C_L 与负载形成极点作为反馈系统的主极点，并且利用 C_L 与其自身的寄生电阻 R_{esr} 产生一个左半平面的零点进行补偿，实现稳定。然而，这种在片外加大电容的方法，在微传感器应用时，不利于系统尺寸的缩小，此电容在片上

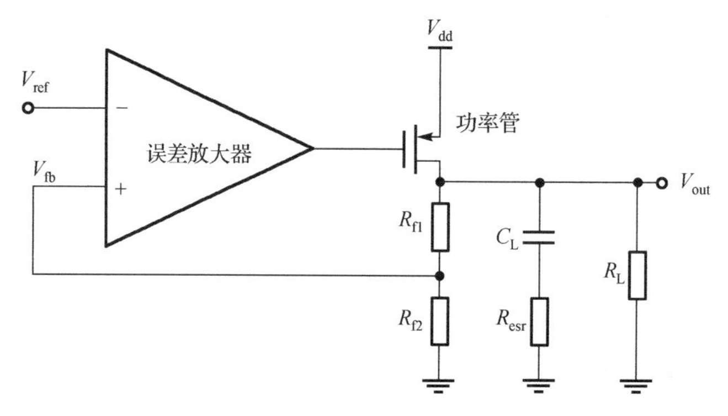

图 5.22　传统低压差线性稳压器电路结构

集成实现又需要占用极大的面积，也不利于芯片面积的缩小。并且，当整个系统需要多个电压值的电源系统时(如模拟电路和数字电路需要不同的电源电压)，多个低压差线性稳压器将进一步加剧此问题。因此，设计稳定的无片外电路低压差线性稳压器是目前的研究热点。

传统低压差线性稳压器电路输出电压的表达式如式(5.7)所示，与输入电压无关：

$$V_{\text{out}} = V_{\text{ref}} \frac{R_{\text{f1}} + R_{\text{f2}}}{R_{\text{f2}}} \tag{5.7}$$

其效率表达式如式(5.8)所示：

$$\eta = \frac{V_{\text{out}}}{V_{\text{dd}}} \left(1 - \frac{V_{\text{ref}}}{I_{\text{in}} R_{\text{f2}}}\right) \tag{5.8}$$

无片外电容设计的第一个难点在于稳定性，如果去掉片外电容，那么需要重新确定一个主极点。低压差线性稳压器功率管的栅极电容较大，往往能达到几百皮法，因此选择误差放大器的输出端(功率管的栅极)作为主极点的位置是一种选择。此外，片外大电容带来的寄生电阻的消失，使得左半平面零点也将不存在，因此需要设计内部补偿结构，对内部的极点进行合理的设计，保证稳定性。

无片外电容设计的第二个难点在于瞬态响应，在受到干扰时，片外大电容可以快速提供(或吸收)足够多的电荷和电流，有效减小输出电压的过冲(或下冲)，缩短稳定时间，保证输出电压的稳定。如果没有片外电容，那么需要利用功率管进行快速的电压变化。然而，功率管的大寄生电容将使低压差线性稳压器环路的响应变慢。依靠增大功率管的电流来提高响应速度的方法需要耗费较大的功率。因此，低压差线性稳压器的瞬态响应是另一个难点。

针对无片外电容低压差线性稳压器的稳定性问题，下面介绍几种频率补偿技术，常见的有密勒补偿技术、缓冲器频率补偿技术、阻尼系数控制补偿技术、零点-极点追踪频率补偿技术、有源电容补偿技术等。

1. 密勒补偿技术

密勒补偿是较为常见的一种补偿方法，在误差放大器后面添加一级放大结构，构成两级放大器，整个低压差线性稳压器包括误差放大器、中间放大级和功率管，可以看成一个三级放大器。三级运算放大器的稳定性和频率补偿已有很多深入的研究。多级运算放大器的频率补偿方法包括：简单密勒补偿(simple Miller compensation，SMC)、多通道零点抵消(multipath zero cancellation，MZC)、嵌套式密勒补偿(nested Miller compensation，NMC)、多通道嵌套式密勒补偿(multipath NMC，MNMC)等，如图 5.23 所示。总体而言，复杂的密勒补偿结构能够实现更好的稳定性补偿，但这增加了电路设计的繁杂度，多个电容的添加也会导致芯片面积的增加，不利于芯片尺寸减小。

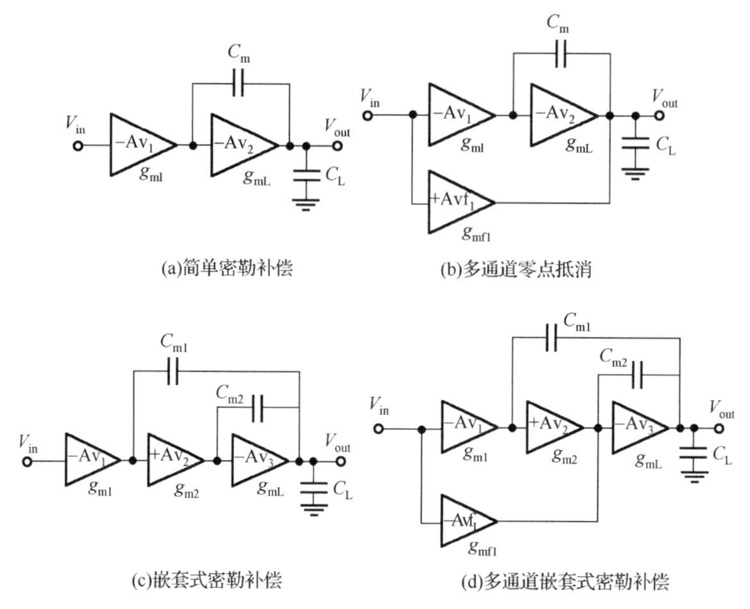

图 5.23　几种简单的密勒补偿技术

2. 缓冲器频率补偿技术

缓冲器频率补偿结构如图 5.24 所示，与密勒补偿技术类似，也是在误差放大器后插入一级放大电路。与密勒补偿技术不同的是，这里插入一个缓冲器，它具有极低的输出阻抗 r_{ob}，并保证其输入有很小的输入电容 C_{ib}，这样使得 P_1 和 P_2 两个极点处于较高的频率点上，使它们成为次要极点。环路的主极点仍由低压差线性稳压器的输出端实现，从而达到系统稳定的目的。

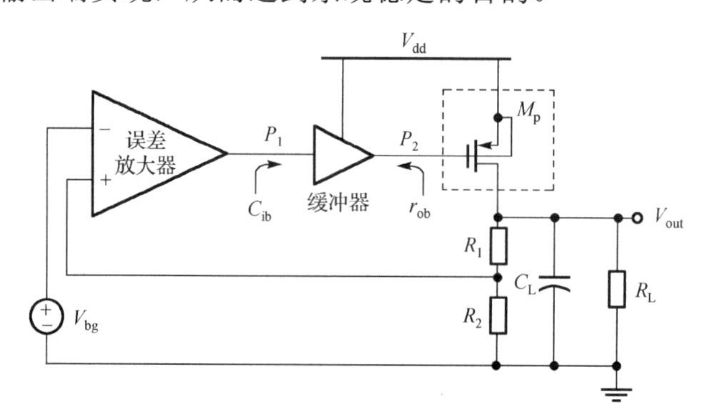

图 5.24　缓冲器频率补偿结构

3. 阻尼系数控制补偿技术

阻尼系数控制(damping factor control, DFC)补偿结构如图 5.25 所示，由 Leung 等提出[8]，因为其优良的稳定性，至今被广泛使用。该电路通过在第一级误差放大器的输出端连接一个阻尼系数控制模块添加补偿电容，使系统的传输函数符合标准的二阶系统传递函数，通过调整阻尼系数使环路的相位裕度达到 60°。

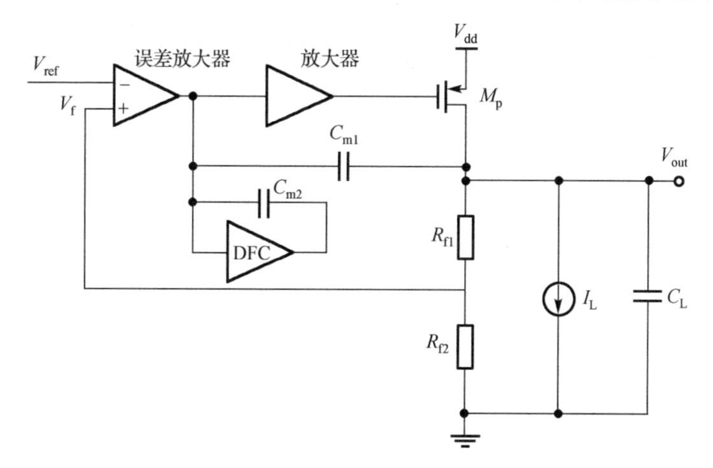

图 5.25　阻尼系数控制补偿结构

4. 零点-极点追踪频率补偿技术

零点-极点追踪频率补偿技术[9]的核心是一个串联的工作在线性区的 PMOS 管和电容，该 PMOS 管的栅极和源极分别与功率管的栅极和源极短接，补偿电容两端分别与该 PMOS 和第二级放大器输出端相连，该电路结构可以根据负载的变化动态地产生零点进行频率补偿，如图 5.26 所示。但是 PMOS 管直接复制功率管的栅源电压，使得源极必须连接电源，连接方式受到了极大的局限。

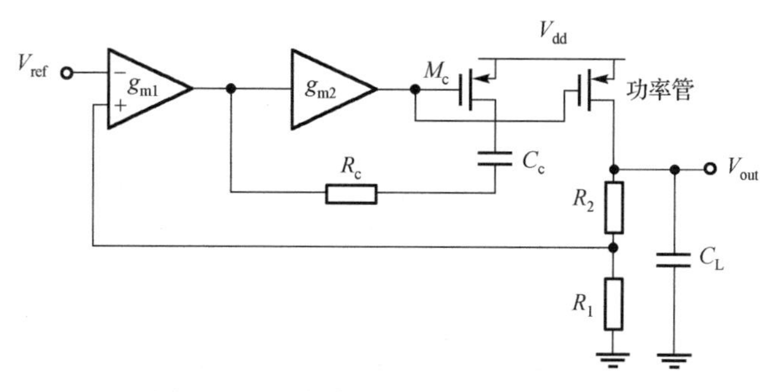

图 5.26　零点-极点追踪频率补偿技术

由于零点-极点追踪频率补偿技术的关键是产生可控的电阻[9]，因此研究人员发展出了更多的可控电阻产生电路，图 5.27 为利用 PMOS 管和 NMOS 管产生可控电阻的两个例子。M_R 管工作在线性区，是一个受控电阻，A 和 B 分别表示受控电阻的两端，M_c 复制流过功率管的电流，M_s 管将 M_c 复制的电流转换成电压，用来控制 M_R 的阻值。

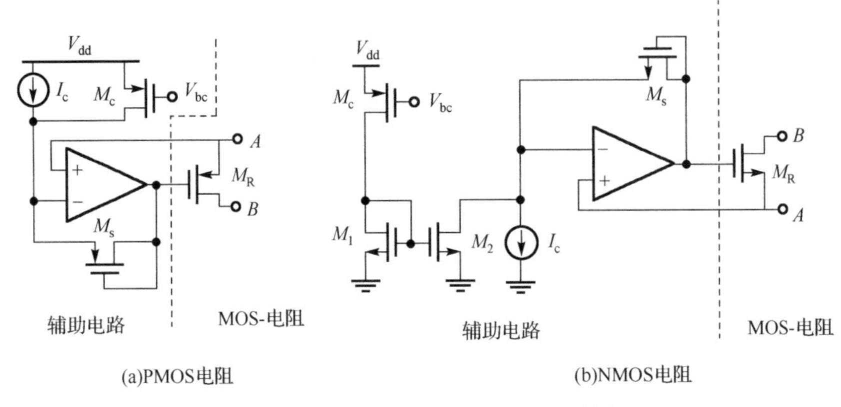

图 5.27　利用 MOS 管产生可控电阻的例子

5. 有源电容补偿技术

有源电容补偿技术对低压差线性稳压器的拓扑结构没有任何改变，只是将以往保持系统稳定和高瞬态特性的外接无源大电容用片内的有源电容替代。有源电容其实是在运算放大器的输入端并接一个电阻，依靠运算放大器的增益带宽积产生一个等效电容。这样在不占用过多芯片面积的情况下产生一个大容量的电容，便于低压差线性稳压器的 SoC 集成。但用于产生等效电容的运算放大器电路复杂，且需要消耗大量功耗。

上述频率补偿方案各具特点，适用于不同的应用场合，文献[9]对上述多种频率补偿方法进行了全面比较，结果如表 5.2 所示。从表 5.2 可以看出，阻尼系数控制技术在三级运算放大器的频率补偿中具有明显的优势，唯一的劣势是在驱动小的负载电容时，阻尼系数控制技术不如其他频率补偿技术。

表 5.2　三级运算放大器的频率补偿方案比较

参数	单级 Cascode	SMC	MZC	NMC	MNMC	NMCF	DFC
直流增益	–	0	0	++	++	++	++
低电压	–	+	+	++	++	++	++
低功耗	++	–	+	–	–	++	++
增益带宽积/功耗(小 C_L)	++	0	0	–	+	+	–
增益带宽积/功耗(大 C_L)	++	0	0	–	0	0	++

续表

参数	单级 Cascode	SMC	MZC	NMC	MNMC	NMCF	DFC
摆率/建立时间	++	0	0	–	–	+	++
电容值	++	0	0	–	0	+	++
零极点对	++	++	++	++	0	++	++

注：“++”指“很好”，“+”指“好”，“0”指“中等”，“–”指“差”。

无片外电容低压差线性稳压器除稳定性外，另一个重要的性能就是瞬态响应性能。输出电流发生抖动时，低压差线性稳压器的输出电压也会随之抖动。为抑制输出电压的抖动，需要增大环路带宽或提高功率管的摆率。对于无片外电容的低压差线性稳压器，主要有提高误差运算放大器带宽、缩小功率管尺寸、利用栅极驱动技术或提供负载电流泄放通路来提升功率管的摆率等方法。

(1)提高运算放大器带宽。使用多个低增益的误差放大器级联可以有效提高运算放大器的单位增益带宽积，从而缩短系统响应时间，但是这种方法将引入多个极点，对稳定性设计带来巨大挑战。有研究人员提出在基本折叠共源共栅放大器的基础上采用交叉结构来设计误差放大器，将输入对管分裂成四个 MOS 管，将负载电流镜 MOS 管分裂成两个 k∶1 的电流镜，并添加 MOS 管控制电流，可以将跨导、增益和摆率都提升 k 倍。

(2)缩小功率管尺寸。功率管尺寸越大，其导通电阻越小，低压差线性稳压器的输出电流提供能力越大，但是功率管的尺寸越大，其寄生电容越大，响应速度越慢。若在不改变电流输出能力的前提下减小功率管尺寸，则可以提高低压差线性稳压器的瞬态响应速度。减小功率管尺寸的同时，为保证输出电流能力不变，一种方法是减小 MOS 管的阈值电压。在 MOS 管的源极和衬底之间产生一个电压差是减小阈值电压的方法。在 PMOS 功率管的源极和漏极之间加一个肖特基二极管，可以降低功率管的导通电阻，增大负载电流提供能力，但这种方法受工艺限制(因为肖特基二极管与标准 CMOS 工艺不兼容)。另一种方法是将功率管的工作区域调整到线性区，使其在相同电压降的条件下获得更大的电流。

(3)栅极驱动技术。摆率小的原因之一是功率管栅极上有较大的寄生电容，因此在功率管的栅极上提高驱动能力是解决方案之一。图 5.28 是其中一种增强瞬态响应的低压差线性稳压器结构。负载稳定时，输出电压值被存储在输出电压存储器中。当负载电流从小变大时，放电电路 1 将迅速反应，给调整管栅极大电容放电。当负载电流从大变小时，与负载从小到大变化不同的是：除了充电电路导通给调整管栅极电容充电外，放电电路 2 还将导通，以拉低输出电压，降低输出电压的瞬态变化量。

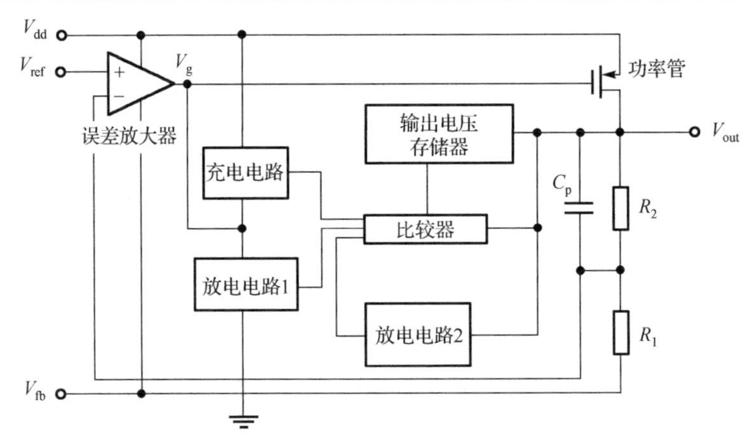

图 5.28　瞬态响应增强方案

通过电容耦合也可以检测输出电压的变化从而控制功率管栅极电压的变化，实现快速响应。图 5.29 是一种带动态偏置电路的功率管摆率提升驱动电路，电路通过电容 C_T 和 C_B 对输出电压进行检测，当产生过冲时，电容耦合电压上升使两个运算放大器输出降低，增大流过 M_4 的电流，部分电流对 C_{par_in} 进行充电，从而增大功率管栅极电压，降低流过功率管的电流，使 C_{par_out} 放电，使输出回落，在输出产生下冲的情况则相反。此外，添加的动态偏置电路增大 M_2 的放电电流，使输出的恢复时间缩短。这种方法的缺点是需要使用电容，占用面积较大，在集成使用时不经济。

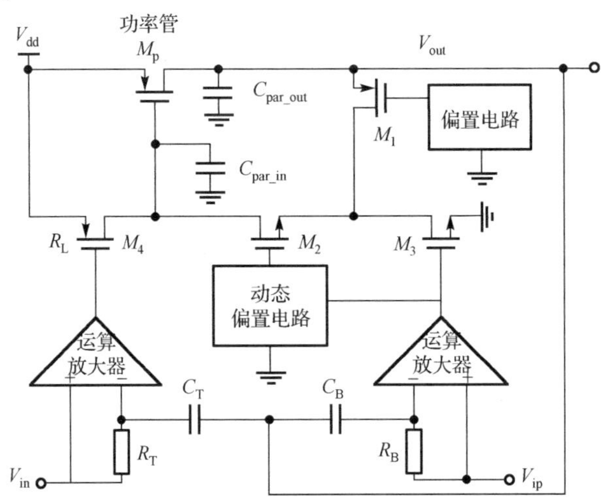

图 5.29　带动态偏置电路的功率管摆率提升驱动电路

(4) 负载电流泄放技术。如果能通过检测输出电压或电流的变化后直接给输出电流进行补充，也可以有效提高瞬态响应速度。例如，通过对反馈电压进行检测，通过由反相器构成的控制电路，分别在输出产生下冲时开启对输出进行充电的 PMOS 管通路，在输出产生过冲时开启对输出进行放电的 NMOS 管通路。通过对输出电流的补偿和泻放，实现输出电压的快速稳定。

5.3.2　数字线性稳压电路

由于模拟低压差线性稳压器需要较高的输入电压，且在无片外电容时设计困难，因此研究人员提出了数字低压差线性稳压器的架构[10]，其原理如图 5.30 所示，其中功率管由多个并联的开关代替，可以实现更小的压差(<50mV)，达到更高的效率。模拟低压差线性稳压器中使用的误差放大器在数字低压差线性稳压器中由移位寄存器代替，可以工作在极低的电源电压下。可见，数字低压差线性稳压器在微传感器中需要多个电源供电的情况下具有较大的效率优势。然而，数字低压差线性稳压器也存在功耗、瞬态响应、输出纹波的优化和平衡等问题。针对响应速度的问题，研究人员提出了粗-细调节结合法[11]、动态增益调节法[12]、逐次逼近法[13]等；针对输出纹波问题，研究人员提出了采用前馈技术[14]等。总体而言，相比模拟低压差线性稳压器，当前的数字低压差线性稳压器的设计适用于输入电压更低的情况，性能有待进一步提升。

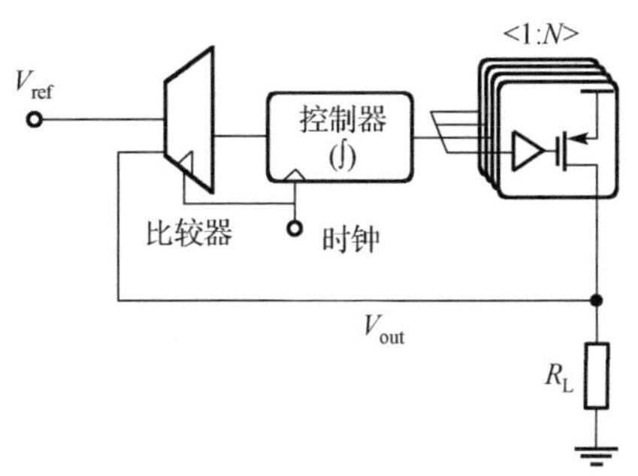

图 5.30　数字低压差线性稳压器结构图

5.3.3　开关稳压电路

虽然线性稳压电路具有高精度、高响应速度的优点，但是如式(5.8)的效率表达式所示，当稳压电路的输入电压和输出电压之间的压差较大时，效率很低。开关稳压电路也是一种可以提供稳定电压输出的电路，其输出电压也不随一定范围内的输入电压和输出电流的变化而变化。相比于线性稳压电路，在输入、输出电压差相差较大时，开关稳压电路的效率高很多。顾名思义，开关稳压电路的输出电压调节依赖于开关控制，它的输出电压既可以低于输入电压也可以高于输入电压。开关稳压电路通常需要一个储能元件(电感或电容)，因此这种电路结构不利于全集成稳压器的应用。在集成电路中，集成电感的品质因数较小，集成电感和集成电容的值也较小。但是，全集成的开关稳压电路是未来的发展趋势。

典型的基于电感和开关电容作为储能元件的 DC-DC 变换器的核心电路结构如图 5.31 所示，其中 T_1 和 T_2 端口既可以作为输入端也可以作为输出端，实现降压或升压两种不同的工作模式。

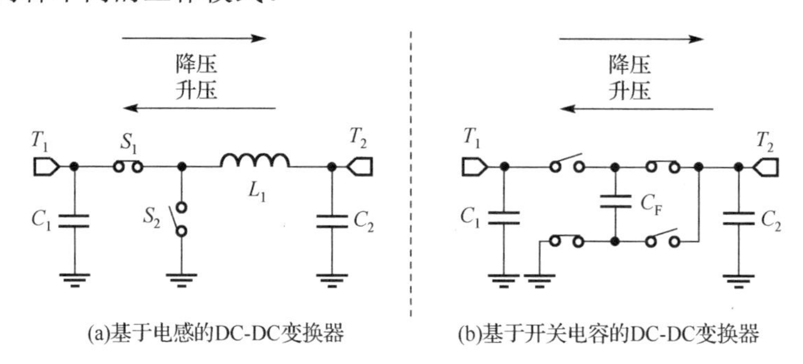

图 5.31　基于电感和开关电容的 DC-DC 变换器核心电路

1. 电感式开关稳压电路

基于电感的开关稳压电路可以分为采用电感作为储能元件的降压式(buck)、升压式(boost)、同时升降压式(buck-boost 和 cuk)以及采用变压器作为储能元件的正激式(forward)和反激式(flyback)等开关稳压电路。下面简要介绍 buck 电路和 boost 电路。

图 5.32 是一个典型的 buck 电路。一个正比于输出电压的信号与一个参考电压通过一个误差放大器后产生一个误差信号 V_{err}，此误差信号与一个锯齿波信号 V_{st} 进行比较产生一个脉冲宽度调制(pulse width modulation，PWM)波，用于控制开关 T_1 的通断。当 T_1 导通时，输入电压给电感 L_1 充电，流进电感的电流增大，电感上存储能量，并给电容 C_{out} 和负载供电；T_1 断开时，电感上的电流同二极管 D_1 续流形成环路，电感上存储的能量给电容和负载供电。当系统进入稳态，开关导通和断开期间电感电流的增加量和减小量是相等的，即两段时间内电感两端电压随时间的积分值相等(符号相反)，满足伏秒平衡关系。利用此关系，可以推导得到

$$V_{out} = DV_{in} \tag{5.9}$$

其中，D 是 PWM 信号的占空比。由式(5.9)可见，输出信号小于等于输入信号，这是一个降压电路。

图 5.33(a)描述的是电感上一直有电流的工作模式，称为连续导通模式。实际上，开关稳压器的另一种工作模式为断续导通模式(图 5.33(b))，即电感电流的变化量已导致其最低电流值等于零的一种工作模式。在断续导通模式下，DT_s 时段内开关打开，

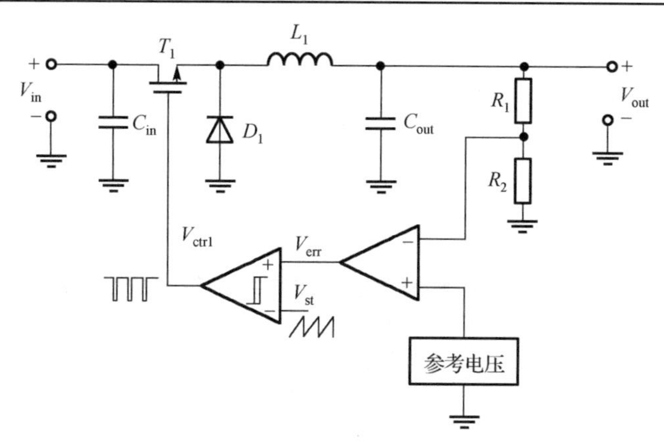

图 5.32　buck 电路

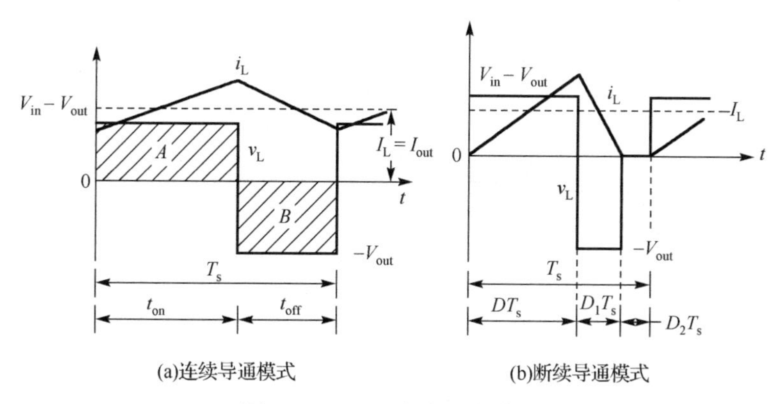

(a)连续导通模式　(b)断续导通模式

图 5.33　buck 电路工作模式

D_1T_s 和 D_2T_s 时段内开关断开，其中 D_2T_s 时段内电流为零。可以推导得到

$$V_{out}=\frac{D}{D+D_1}V_{in} \tag{5.10}$$

其中，D_1 值的大小与电感值、输入输出电压、输出电流等参数相关。

理论上，开关稳压电路的效率可达 100%，但是在实际中，电感的寄生电阻、开关导通电阻等都会带来损耗，开关导通和关闭时还会带来开关损耗，控制电路也需要消耗能量。尽管如此，通常开关稳压电路仍能达到远高于线性稳压电路的效率，尤其是当输入电压和输出电压的值相差较大时。

boost 电路的典型结构如图 5.34 所示。当开关 T_1 导通时，电感 L_1 的电流上升，当开关 T_1 断开时，电感 L_1 上的电流下降，此时输出电压大于输入电压的值。根据伏秒平衡关系，可以推导出输入输出电压和占空比之间的关系为

$$V_{out}=\frac{1}{1-D}V_{in} \tag{5.11}$$

从式(5.11)可见，输出电压是一个大于等于输入电压的值，即这是一个升压电路。boost 电路同样也有连续模式和断续模式。工作在断续模式下的输入输出电压之间的关系为

$$V_{out}=\frac{D_1+D}{D_1}V_{in} \tag{5.12}$$

其中，D 和 D_1 分别为开关导通和开关断开时间在整个周期的占比。

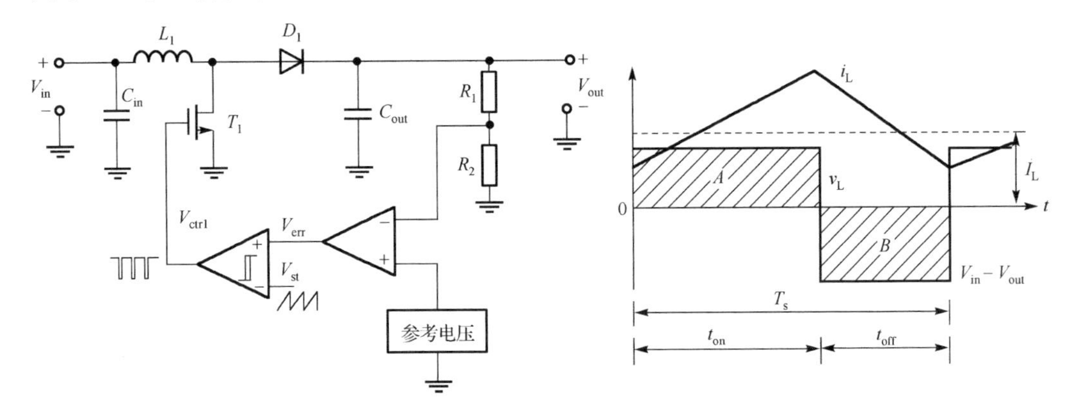

图 5.34　boost 电路结构和电流电压关系图

电感式开关稳压电路的缺点是集成度不高，集成电感的品质因数较低，同时难以集成大电感，给全集成稳压电路带来了困难。尽管有不少研究人员实现了片上带磁芯的平面电感，但是这种技术无法与常规的 CMOS 工艺兼容。

2. 开关电容式开关稳压电路

将电容作为储能元件，利用开关组成开关电容(电荷泵)电路可以实现电压的变换。由于电容具有比电感更低的寄生电阻，因此一般而言，基于开关电容的稳压电路可以达到更高的效率。更为重要的是，电容更容易在片上集成，有利于系统的微型化。

图 5.35 是 Dickson 倍压电荷泵电路(与图 5.15(b)类似)，当时钟信号为高电平时，如图 5.35(a)所示，电容 C_1 被输入电压 V_{dd} 充电，电容 C_{out} 被 C_2 充电，此时电容 C_1 上方的电压为 V_{dd}，下方的电压为 V_{ss}；当时钟信号为低电平时，如图 5.35(b)所示，C_1 下方的电压被抬高至 V_{dd}，若 C_1 上没有电荷流失，此时 C_1 上方的电压为 $2V_{dd}$，同理可推出各节点电压值。与倍压整流电路的分析类似，二极管上的电压降以及电荷的分配会降低升压的倍数和系统效率。用低阈值或零阈值的 MOS 管替代二极管可以降低压降、提高效率，这些类似的技术可以借鉴 5.2 节倍压整流电路的相关内容。对于一个全集成的电路，在电容 C_1、C_2 这些“飞电容”的上下极板的寄生电容会带来严重的功率损失(可能高达 7%)。

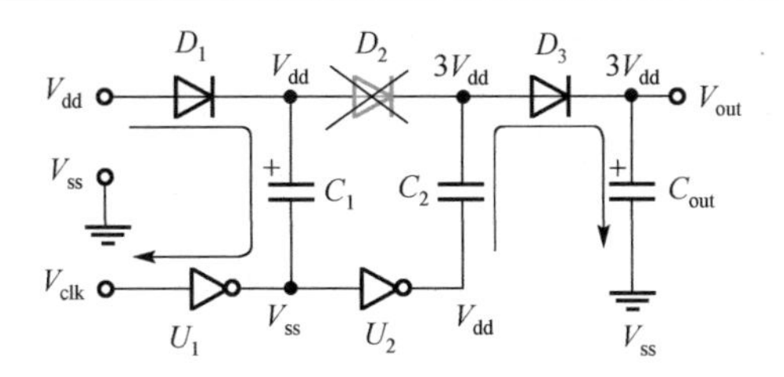

(a)时钟信号为高电平时

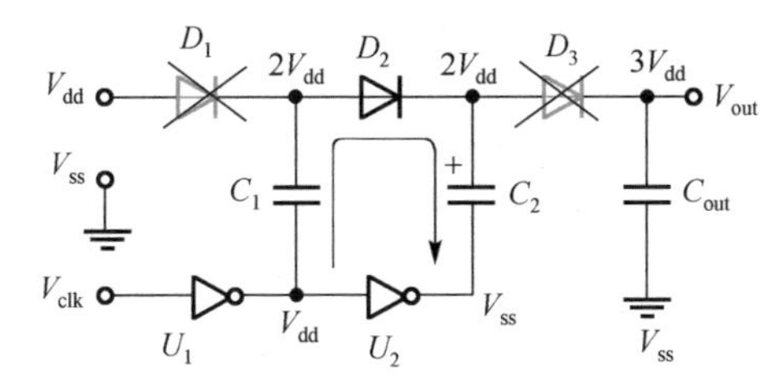

(b)时钟信号为低电平时

图 5.35　Dickson 倍压电荷泵电路

针对“飞电容”中寄生电容带来的损耗问题，研究人员提出了采用大电阻偏置或利用 N 阱中的 PMOS 电容将 N 阱偏置在较高电位的方法。此外，研究人员在其他方面也做了不少优化，例如，对于集成电容占用面积较大的问题，可以通过采用提高工作频率和更先进的工艺来实现；对于输出纹波和电压降的问题，采用多相位输出、版图优化的方式等[15]。

5.3.4　开关稳压电路和线性稳压电路的级联

开关稳压电路和线性稳压电路有各自的优缺点，一种折中的方案是用开关稳压电路进行粗调，再用线性稳压电路进行细调，从而在功耗、速度、精度等方面获得合适的整体性能。考虑到全集成稳压电路的趋势，开关电容型稳压电路作为粗调是更好的选择。

常用的级联方式是串联型[16]，如图 5.36(a)所示，使用一个 PMOS 管的低压差线性稳压器作为细调稳压，在此之前用一个 DC-DC 稳压电路进行粗调。由于全集成的 PMOS 低压差线性稳压器中通常会有多个极点，它的响应速度较慢，且 PMOS 管需要更大尺寸才能达到较小的输入输出压差。图 5.36(b)对此进行了改进，输入电压 V_{in} 直接给误差放大器供电，可以使误差放大器的输出更大；同时，NMOS 管具有更好的压差性能。这种结构不要求 DC-DC 变换器具有很好的稳压性能，因此可以采用全集成的电荷泵等电路。但是串联型结构与单独低压差线性稳压器存在一些类似的问题，在输出电压较低时低压差线性稳压器的效率低，因此导致全局效率较低。

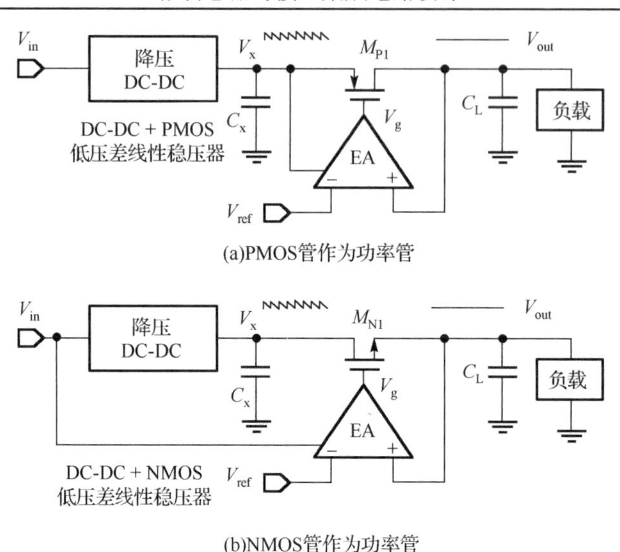

(a)PMOS管作为功率管

(b)NMOS管作为功率管

图 5.36　开关稳压和低压差线性稳压器级联的稳压电路

除了串联结构，也有研究人员提出了 DC-DC 与低压差线性稳压器并联的结构，例如，美国 Intel 公司的电路研究实验室采用 DC-DC 与低压差线性稳压器并联结构，在输出电压较高时用数字低压差线性稳压器，在输出较低电压时用开关电容型 DC-DC，这种结构已经在 Intel Gen9LP 系列的图形处理单元(graphics processing unit，GPU)中使用。

参 考 文 献

[1] Sudevalayam S, Kulkarni P. Energy harvesting sensor nodes: Survey and implications[J]. IEEE Communications Surveys & Tutorials, 2010, 13(3): 443-461.

[2] Cook-Chennault K A, Thambi N, Sastry A M. Powering MEMS portable devices—A review of non-regenerative and regenerative power supply systems with special emphasis on piezoelectric energy harvesting systems[J]. Smart Materials and Structures, 2008, 17(4): 043001.

[3] Twiefel J, Westermann H. Survey on broadband techniques for vibration energy harvesting[J]. Journal of Intelligent Material Systems and Structures, 2013, 24(11): 1291-1302.

[4] Wei C, Jing X. A comprehensive review on vibration energy harvesting: Modelling and realization[J]. Renewable and Sustainable Energy Reviews, 2017, 74: 1-18.

[5] 吴利青，徐德辉，熊斌. 微型热电能量采集器的研究进展[J]. 半导体技术，2015, 40(10):721-729.

[6] Guler U, Ghovanloo M. Power management in wireless power-sipping devices: A survey[J]. IEEE Circuits and Systems Magazine, 2017, 17(4): 64-82.

[7] Yi J, Ki W H, Tsui C Y. Analysis and design strategy of UHF micro-power CMOS rectifiers for micro-sensor and RFID applications[J]. IEEE Transactions on Circuits and Systems I: Regular Papers, 2007, 54(1): 153-165.

[8] Leung K N, Mok P K T. A capacitor-free CMOS low-dropout regulator with damping factor control frequency compensation[J]. IEEE Journal of Solid-State Circuits, 2003, 38(10): 1691-1702.

[9] Leung K N, Mok P K T. Analysis of multistage amplifier-frequency compensation[J]. IEEE Transactions on Circuits and Systems I: Fundamental Theory and Applications, 2001, 48(9): 1041-1055.

[10] Okuma Y, Ishida K, Ryu Y, et al. 0.5-V input digital LDO with 98.7% current efficiency and 2.7-μA quiescent current in 65nm CMOS[C]. IEEE Custom Integrated Circuits Conference, 2010: 1-4.

[11] Huang M, Lu Y, Sin S W, et al. A fully integrated digital LDO with coarse-fine-tuning and burst-mode operation[J]. IEEE Transactions on Circuits and Systems II: Express Briefs, 2016, 63(7): 683-687.

[12] Nasir S B, Gangopadhyay S, Raychowdhury A. All-digital low-dropout regulator with adaptive control and reduced dynamic stability for digital load circuits[J]. IEEE Transactions on Power Electronics, 2016, 31(12): 8293-8302.

[13] Salem L G, Warchall J, Mercier P P. A successive approximation recursive digital low-dropout voltage regulator with PD compensation and sub-LSB duty control[J]. IEEE Journal of Solid-State Circuits, 2017, 53(1): 35-49.

[14] Huang M, Lu Y, Sin S W, et al. Limit cycle oscillation reduction for digital low dropout regulators[J]. IEEE Transactions on Circuits and Systems II: Express Briefs, 2016, 63(9): 903-907.

[15] Lu Y, Jiang J, Ki W H. A multiphase switched-capacitor DC-DC converter ring with fast transient response and small ripple[J]. IEEE Journal of Solid-State Circuits, 2016, 52(2): 579-591.

[16] Akram M A, Hong W, Hwang I C. Capacitorless self-clocked all-digital low-dropout regulator[J]. IEEE Journal of Solid-State Circuits, 2018, 54(1): 266-275.

第 6 章　微传感器封装

作为集成电路(integrated circuit，IC)和微传感器产业中不可或缺的后道工序，微电子器件封装正扮演着越来越重要的角色，它关系到器件、系统之间的有效连接，以及微电子产品的质量和竞争力。从成本上看，在微电子器件的制造成本中，设计、芯片制造、封装和测试各占 1/3 左右。集成电路和微传感器件规模的不断扩大和性能的持续提升，也给封装带来了前所未有的挑战和机遇。

ITRS 指出，半导体技术的未来发展方向，一方面朝着特征尺寸进一步减小的方向发展，其封装形式朝着 SoC 发展；另一方面朝着将模拟/射频电路、微传感器等多功能模块系统集成的方向发展，其封装形式朝着 SiP 发展，而 SiP 将主要朝着三维封装的方向发展。此外，MEMS 传感器作为微传感器重要的组成部分和未来的发展方向，其封装形式虽然借鉴了普通微电子封装的技术，但也有其特殊的要求。

本章将在 6.1 节介绍微传感及其接口集成电路的 SiP 发展历史和现状，6.2 节介绍三维封装的关键技术和工艺，6.3 节介绍 MEMS 封装技术。

6.1　SoC 和 SiP

随着集成电路特别是 CMOS 技术的发展，器件的特征尺寸和集成度按照摩尔定律持续地等比例缩小。图 6.1 是 2005 年公布的 ITRS，特征尺寸不断向着 45nm、32nm 和 22nm 节点发展以及更小的尺寸缩小，通过新材料、新结构不断延续摩尔定律(即 more Moore)。然而，当特征尺寸缩小到 10nm 时，栅氧化层的厚度仅有 10 个原子厚度，此时，量子隧穿效应等会导致晶体管严重的漏电现象。因此，对于晶体管的优化将从侧重于性能提升转向侧重于减小漏电和功耗降低。FinFET 晶体管[1]就是一个为了减小漏电所设计的新型器件，尽管这种晶体管的速度相比平面工艺并没有多少提升。随着技术难度的增加，功耗和量子效应等的限制，加上不断增加的资金投入，摩尔定律逐渐发展到了极限。因此，2015 年公布的 ITRS 显示，到 2021 年特征尺寸缩减到 10nm 后，将几乎难以再缩减。从 2005 年公布的 ITRS 中还可以看到模拟/射频器件、无源器件、高压和功率器件、传感器和执行器、生物医学芯片等并没有随着摩尔定律缩小尺寸，更多的是通过新材料、新结构和新功能的引入实现芯片的更多功能，即超越摩尔定律(more than Moore)。

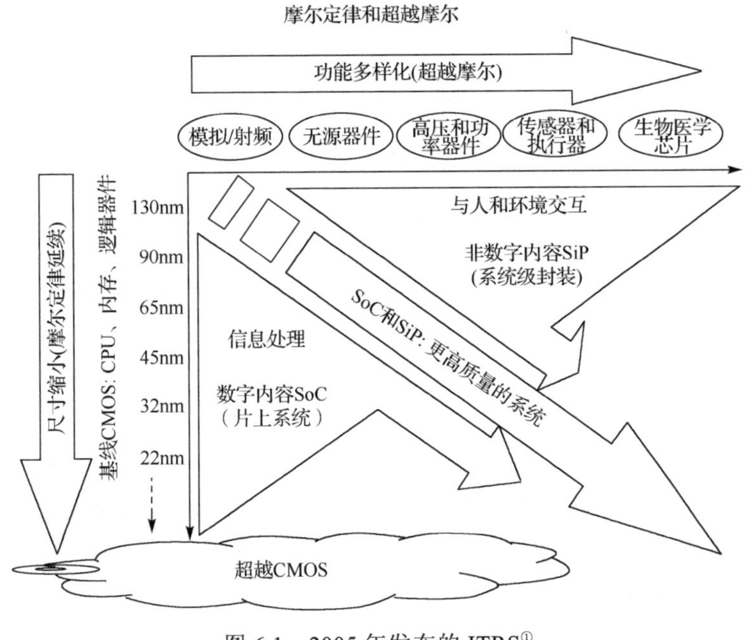

图 6.1　2005 年发布的 ITRS[①]

从集成电路封装的角度看，数字电路的主要发展趋势是片上系统技术，即将更多的功能模块集成到同一个芯片上，提高集成度、性能和可靠性，减小空间和成本。这些模块可能包括存储器等数字电路、电源管理等模拟电路，也可以包括射频电路、MEMS 传感器等，如图 6.2 所示。图中，ASIC 指专用集成电路，DRAM 指动态随机存取存储器，SRAM 指静态、随机存取存储器，Flash 指闪存，MCU 指微控制单元，DSP 指数字信号处理器，OEIC 指光电集成电路，RFIC 指射频集成电路。

虽然片上系统具有多方面的优势，如低功耗、小体积、多功能、高速、低成本等，但是不同的功能模块若需要不同的制造工艺则难以在同一个芯片内集成，例如，数字电路通常用标准 CMOS 工艺，而射频电路为了保证性能需要采用其他工艺，如为了减小寄生参数必须采用特殊的衬底、工艺和材料。若仅是采用具有更为复杂的 CMOS 工艺而增加成本，尚能实现片上系统，若是采用不同的衬底(如 GaAs)，将使 CMOS 工艺的数字电路和其他衬底的电路(如射频电路)无法集成在一个芯片内。2010 年，有人将Ⅲ～Ⅴ族器件与 CMOS 集成电路实现相互集成，这向真正意义上的系统芯片迈出了重要一步，该技术方案是在硅晶圆上紧邻

① http://www.itrs.net/Links/2005ITRS/Home2005.htm。

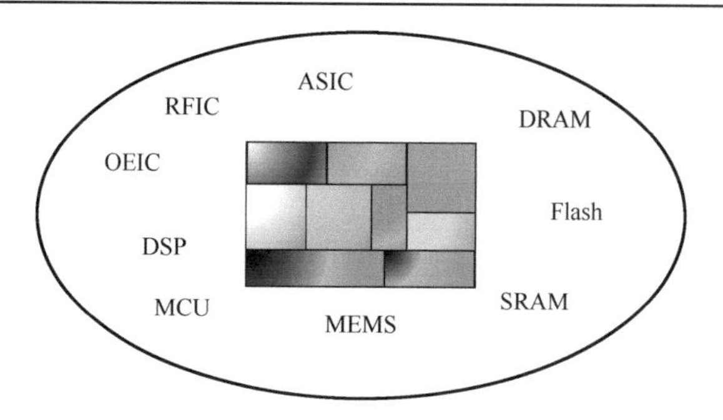

图 6.2　片上系统集成概念

CMOS 晶体管制作 InP 异质结双极性晶体管(hetero-junction bipolar transistor，HBT)。目前，片上系统还只能实现子系统，并不能实现真正意义上的系统芯片。此外，前几章所述的 MEMS 传感器需要多种微机械加工工艺和材料，也难以与 CMOS 兼容。

为了解决片上系统的上述困难，在微型化、集成化、高性能等因素的驱动下，系统级封装成为功能多样性模块(如射频模块、传感器等)集成封装的更好选择。系统级封装是将多个功能芯片封装在一起的技术，如图 6.3 所示。不同于片上系统，系统级封装内部不同芯片分开制造，没有片上系统的制造难度，既降低了制造成本，又有很高的集成度，可以缩短产品进入市场的时间。2003 年公布的 ITRS 中将系统级封装列为半导体技术发展的重要技术趋势，并于 2009 年对系统级封装的概念做了定义[2]："System in Package (SiP) is a combination of multiple active electronic components of different functionality, assembled in a single unit that provides multiple functions associated with a system or sub-system. A SiP may optionally contain passives, MEMS, optical components and other packages and devices"。

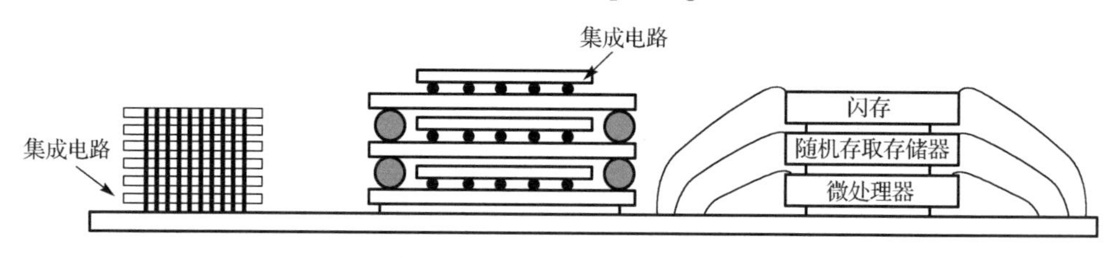

图 6.3　系统级封装的例子

系统级封装实际上是从多芯片模块(multi-chip module，MCM)发展而来的，它是将不同的芯片和分立元器件集成在相同的衬底(陶瓷、玻璃陶瓷等)上形成一个系统或子系统。MCM 是从多层陶瓷与铝等互连线共烧而成的高温共烧陶瓷(high-temperature cofired ceramic，HTCC)技术发展而来的，HTCC 后面发展到用性能更好的低温共烧陶瓷(low-temperature cofired ceramic，LTCC)技术代替，用更低介电常数的玻璃陶瓷代替陶瓷，用铜或者金等导体代替铝等进行共烧。进一步，MCM 封装用更低介电常数的多层有机介质和导体来实现更好的电学性能。然而，采用二维平面结构的模块间互连线很长、集成密度较低，成为限制 MCM 或者系统级封装性能的决定性因素，不能满足体积尺寸不断微型化的需求。因此，发展出了将芯片或器件堆叠起来的三维封装技术，是未来系统级封装的发展趋势。

2009 年的 ITRS 中将系统级封装做了分类[2]，如图 6.4 所示。图中，QFP 封装指方型扁平式封装，BGA 封装指球状引脚栅格阵列封装。从图中可以看到系统级封装实际上包含了多种形式。随着硅通孔(through-silicon via，TSV)技术的快速发展，系统级封装的未来发展趋势将主要朝着三维集成发展，因此在本章所述的系统级封装主要指三维系统级封装。三维系统级封装可分为基于 TSV 技术的系统级封装和基于传统引线键合、贴片键合、倒装(flip-chip)等非 TSV 技术的系统级封装两种形式。通过引线键合的方式可将多个单独的裸片进行堆叠后连接。这种方式成本较低，且可以达到较高的输入输出接口封装密度。但是由于键合引线存在较大的寄生电感，当引线密度较高时信号完整性较差。当多个独立的裸片堆叠之后，最下方的裸片可以用倒装方法焊接，减少部分键合引线的使用，如图 6.5(a)所示。也可以用倒装技术将两个裸片面对面键合，进一步减少引线。采用 TSV 技术的系统级封装可以不需要用引线键合(图 6.5(b))，相比于其他三维封装技术，可以实现更高密度的垂直互连。裸片和裸片之间可以“面对面”绑定，也可以是“面对背”绑定。其中，“面对面”绑定时通孔(via)的密度可以更大，因为这两个裸片上的通孔可以与传统的通孔一样制作，而“面对背”绑定时，通孔需要制作得更大些。如果有多个裸片需要层叠时，不可避免地需要用到“面对背”通孔。

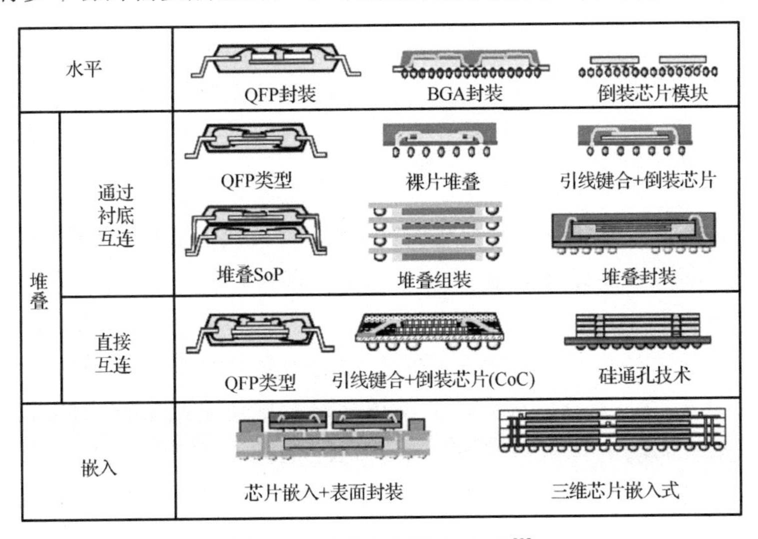

图 6.4　系统级封装的分类[2]

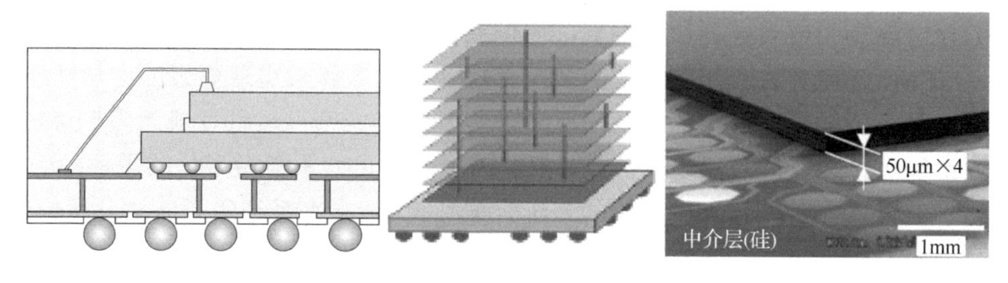

(a)基于倒装和引线键合的三维封装　　(b)基于TSV技术的三维封装的例子

图 6.5　三维封装的例子

系统级封装除了将存储器、射频电路、MEMS 等模块进行三维封装，还可以将封装好的集成电路再进行封装，如将芯片堆叠起来利用引线进行键合形成堆叠(package-in-package，PiP)封装，或者将芯片倒装连接形成，堆叠组装(package-on-package，PoP)，形成多功能的微型系统。图 6.6 是一个较为复杂的系统级封装的例子。

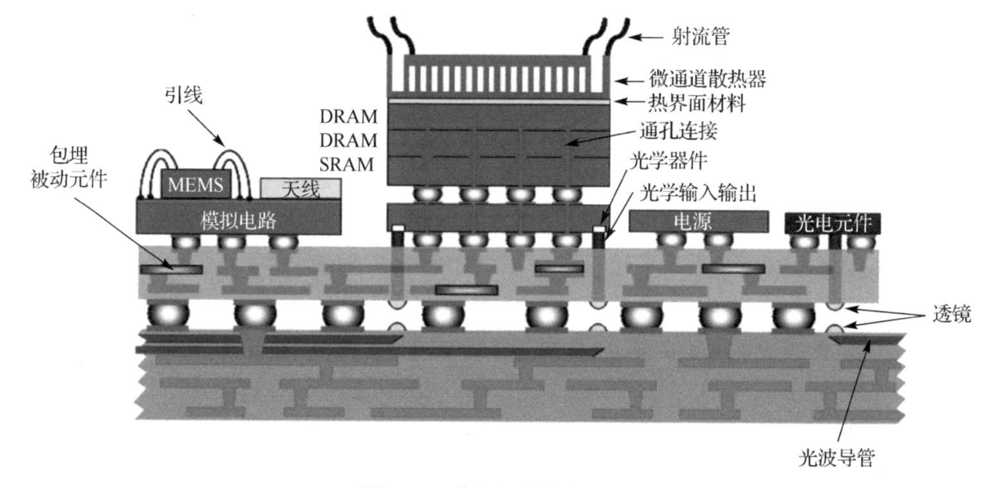

图 6.6　系统级封装的例子

表 6.1 列出了一些整合器件制造商(IDM)、封装代工企业(PKG House)和芯片设计企业(Fabless)在系统级封装技术开发领域有建树的一些相关理念、技术及观点[3]。从中可以看出，IDM 和 Fabless 更多从产品的多功能、高性能化提出系统级封装的需求，而 PKG House 则主要是针对上述需求的物理实现在技术上完成开发。对于 IDM 公司，无论是从公司的整体战略发展还是局部技术的开发，在系统级封装方面都有明确的技术路线图；对于 PKG House，其工艺技术能力的开发越来越多与芯片设计和系统设计紧密关联。在国内，中国科学院微电子研究所、中国科学院上海微系统与信息技术研究所、清华大学、北京大学、复旦大学、华中

科技大学、上海交通大学、中国电子科技集团公司第十三研究所等机构在三维封装的关键技术上也进行了攻关，取得了不少成果。国内的江苏长电科技股份有限公司、江阴长电先进封装有限公司、南通富士通微电子股份有限公司、天水华天科技股份有限公司等企业均在系统级封装及测试领域展开了研发，已经可以对外服务。

表 6.1　近年来一些典型的 SiP 技术[3]

公司名称	公司类型	典型系统级封装技术开发及应用
Intel	IDM	FSCSP (folding SCSP)，在处理器封装上再堆叠集成闪存和随机存取存储器
Renesas	IDM	FoWLP (fan-out wafer level package)，包含重布线(RDL)技术和键合技术以获得高密度和多层的互连，应用于通用 MCU 产品的紧凑封装；SiWLP (system in wafer level package)，利用扇出圆晶级封装(FoWLP)技术集成封装 MCU 与模拟/射频芯片，可应用于传感网络；SMAFTI (smart chip connection with feed-through interposer)，利用聚酰亚胺和铜形成 FTI (feed-through interposer)，用于大容量堆叠存储器和逻辑集成电路芯片的集成，能够实现 100Gbit/s 的数据传输速率
Samsung	IDM	开发了集 ARM 处理器、NAND 闪存和 SDRAM 于一体的 SiP，在单一封装结构内，基于 ARM 的应用处理器芯片和 256MB NAND 闪存芯片和 256MB SDRAM 内存芯片垂直叠装在一起，应用于掌上电脑
Freescale	IDM	RCP (redistributive chip packaging)，真正带有可选择性的新型圆片级封装技术；第二代 ZigBee 顺应式平台，将低功率 2.4GHz 射频收发器和一个 8 位微控制器封装为 SiP，存储可扩展满足多种应用
NXP	IDM	AWL-CSP，开发了无源器件芯片(硅基板上包含解耦电容、射频变压器和 ESD 保护二极管等，同时可以带有 TSV)
National Semiconductor	IDM	埋入式无源器件技术，应用于蓝牙射频模块
STATS-Chippac	PKG House	CSMP (chip size module package)，直接将无源元件(电阻、电容、电感、滤波器、平衡-非平衡变压器、开关和连接器等)集成到 Si 基板，实现 SiP 模块化；高 Q 值 IPD 技术，减少在射频信号传输路径中的损耗，形成集成无源器件(IPD)组件库
Amkor	PKG House	各类先进的封装技术(倒装芯片封装(FC)、BGA、芯片级封装(CSP)等)，已推出 ASIC 和微处理器高度集成的 SiP 计算模块、几乎容纳全部器件的 CIS-SiP 模块、集成控制器和无源元件的高容量 SD 卡模块
ASE	PKG House	封装堆叠、内埋元件基板及整合元件技术、TSV 及 TSV 芯片-圆片堆叠与封装；TSV 相关技术主要针对硅基板应用、存储器与逻辑电路堆叠应用、异质芯片整合应用
SPIL	PKG House	引线键合堆叠封装、多层芯片堆叠封装、倒装芯片堆叠键合封装等技术，形成应用于微型硬盘、存储卡、手机等的 SiP 系列产品
Qualcomm	Fabless	把所有存储芯片和用于低端产品的逻辑电路整合在一起
Broadcomm	Fabless	蓝牙 V3.0 + HS 兼容技术，应用于同合作伙伴 ODM 共同生产的 mini-PCIe 组合模块中
Apple	IDM	A4 处理器与 DDR SDRAM 采用 PoP 技术

近年来，除了片上系统和系统级封装之外，还出现了系统级组装(system on

package，SoP)的三维封装。系统级组装的概念是 20 世纪 90 年代由佐治亚理工学院封装研究中心的 Tummala 等[4]提出的，它不仅将芯片集成在一个封装内，还将电池、无源器件、散热结构、互连接口等也集成在一个封装内，达到真正的系统级封装，实现“封装即系统”的目的。系统级组装的创新之处在于系统封装部分将毫米尺度的元件缩小到微米尺度，在未来甚至将发展至纳米尺度。系统级组装技术实现 CMOS 和系统集成的协同，克服了片上系统和系统级封装受限于 CMOS 造成的集成困难。系统级组装将不同技术集成到一个单封装上以实现多种功能，同时保持小的体积，其通过特征尺寸小于 5μm 的布线及多层超高引线密度，将大量嵌入式超薄膜元件集成，可以在 $1cm^2$ 内集成 2500 个组件。

6.2　三维封装技术

三维封装技术作为未来的发展方向，本节主要介绍三维封装设计的晶圆减薄技术、硅通孔技术、微凸点键合技术和工艺。

6.2.1　晶圆减薄技术

图 6.7 是晶圆减薄抛光的工艺流程图，可见减薄是硅片加工的第一道工序。减薄技术主要有磨削、研磨、干法刻蚀、电化学腐蚀、湿法腐蚀、等离子辅助化学腐蚀、常压等离子腐蚀等[5]。其中最常用的背面减薄技术有磨削、湿法腐蚀和干法刻蚀等。硅片研磨减薄技术由于应用时间长，技术相对成熟，而且因为高效、低成本的特点而得到广泛应用。

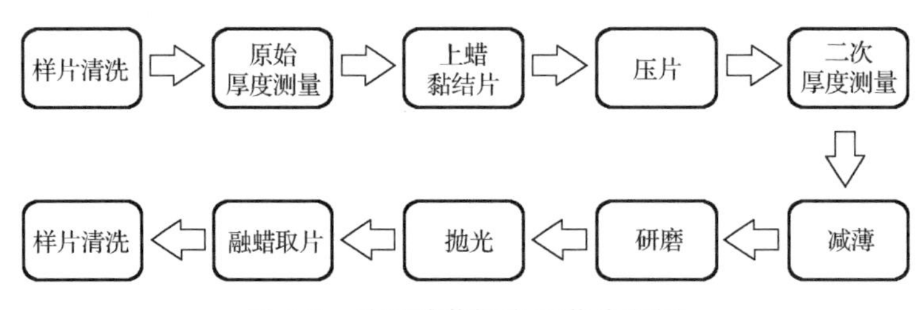

图 6.7　晶圆减薄抛光工艺流程图

硅片的原始厚度一般为 675～775μm。为了减小封装体积，三维封装中需要将晶圆的厚度减小，使其在多个芯片或元件在纵向上有更大的密度。传统的集成电路工艺中，硅片晶圆的厚度减薄至 100～200μm，这种厚度的硅片具有一定的机械强度，能够承受在硅片减薄过程中的机械应力和减薄后的残余应力[5]。而在三维封装中，需要将多层芯片进行堆叠，为了降低整体厚度，往往需要将晶圆减薄至 50μm 甚至 30μm 以下，这对传统的减薄工艺提出了挑战。在硅片减薄工艺中一般不能将硅片磨削得过薄，如果将硅片直接磨削到芯片封装所需的厚度，由于机械损伤层的存在，在运输和后序工艺中碎片率非常高。因此，在实际应用中，首先通过背面减薄的方法将晶圆磨削到接近目标厚度，用磨削的方式去除绝大部分余量，然后利用干法刻蚀、湿法腐蚀、化学机械抛光中的一种或两种消除磨削引起的损伤层和残余应力，得到无损伤的晶圆表面。

1. 机械减薄技术

通过机械磨削制备超薄晶圆，需要比常规晶圆减薄更严格的工艺参数。使用不适当的工艺参数，除了导致减薄过程中产生更大的磨削应力，从而导致碎片、降低成品率之外，还会增加磨削后晶圆表面残余应力和晶圆翘曲，使得减薄后的硅片更易碎，不利于后续工艺的开展。

硅晶圆机械磨削分为脆性磨削和塑性磨削，脆性磨削会导致较深的微裂纹，并且磨削应力较大容易使硅晶圆发生碎裂，因此目前主要采用塑性磨削对硅晶圆进行减薄处理。塑性磨削机理如图 6.8 所示，施加压力载荷，使磨粒嵌入硅晶圆表面但不使其压碎，然后驱动砂轮使磨粒在硅晶圆表面快速滑动，产生的滑动摩擦力使硅晶圆表面发生塑性变形并产生塑性切屑。在这个过程中，由于滑动摩擦力的作用，将沿着磨粒划过的轨迹产生表面/亚表面损伤。损伤结构从外到内主要由非晶层/多晶层、断裂层、过渡层和弹性畸变层构成。其中，非晶层/多晶层和断裂层被认为是表面损伤，表面损伤主要由晶圆表面微划痕、微裂纹等构成，是影响晶圆表面粗糙度的主要因素，这部分并不会在硅晶圆表面产生残余应力，因此不是导致减薄后硅晶圆发生翘曲的主要原因。过渡层和弹性畸变层被认为是亚表面损伤层，其损伤模式主要是一些晶格缺陷，如层错、位错、弹性畸变等。晶格缺陷是产生硅晶圆表面残余应力的主要原因，而残余应力是导致减薄后硅晶圆发生翘曲的直接因素。

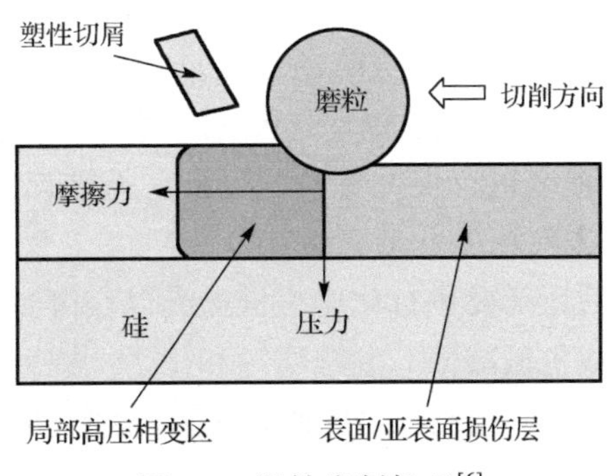

图 6.8　塑性磨削机理[6]

针对不同尺寸、不同目标厚度的晶圆，减薄工艺参数对晶圆损伤的影响程度不同。由于实际生产中往往需要兼顾生产速率和成品率，因此需要制定折中的工艺参数。通过大量的工艺实验去研究工艺参数代价较高，此外，磨削过程中发生的碎片现象属于概率性事件，更加难以通过小规模的工艺实验来确定。因此，在研究中通常采用有限元等数值模拟方法进行研究。

2. 基于干法刻蚀的减薄技术

机械减薄导致晶圆表面出现表面/亚表面损伤和残余应力。残余应力的存在会使超薄的晶圆发生翘曲，容易导致晶圆破裂。因此，在机械减薄后通常需要对表面进行进一步处理。目前主要采用化学机械抛光(chemical mechanical polishing，CMP)的方法。CMP 方法的缺点是速度较慢，按照机械减薄造成的 15μm 的损伤以 CMP 工艺材料去除速度 5μm/h 计算，需要 3h。采用感应耦合等离子体刻蚀(inductively coupled plasma，ICP)的硅材料去除方法，可以达到 3μm/min 的速度，速度是 CMP 方法的几十倍。ICP 的主要原理是利用射频电源使反应气体生成反应活性高的等离子体，对硅片进行物理轰击和化学反应，达到去除目标区域硅材料的目的。ICP 方法虽然可以去除表面损伤层，但是它并不能对表面进行抛光，还需要后续采用 CMP 工艺进行抛光得到更光滑的表面。综上所述，基于干法刻蚀的减薄技术分成机械减薄、干法刻蚀和 CMP 抛光三步。

3. 基于湿法腐蚀的减薄技术

湿法腐蚀是用化学腐蚀液对硅片表面进行腐蚀去除硅材料的方法。湿法腐蚀按照腐蚀特征分为各向同性腐蚀和各向异性腐蚀。硅材料的各向同性腐蚀液主要是 $HF\text{-}HNO_3$ 混合液，其对硅三个晶向的腐蚀速率相同。硅材料的各向异性腐蚀液中，有机腐蚀液有 EPW(乙二胺、邻苯二酚和水)和联胺等，无机腐蚀剂主要是碱性腐蚀液，如 KOH、NaOH、NH_4OH 等。

与干法刻蚀一样，湿法腐蚀也可以去除机械减薄造成的表面/亚表面损伤层。湿法腐蚀的腐蚀速度取决于溶液本身的性质以及外界温度，变化范围可在每分钟几微米到每分钟几百微米，其速度大于干法刻蚀速度。溶液除了对腐蚀速度有影响，对晶圆表面的光滑程度也有很大影响。因此，湿法腐蚀的关键是确定合适的溶液，以控制硅材料的去除速度和质量。

当然，湿法腐蚀之后还需要进行化学机械抛光以获得光滑的表面。因此，基于湿法腐蚀的减薄技术分成机械减薄、湿法腐蚀和化学机械抛光三步。此外，利用干法刻蚀和湿法腐蚀还能减少机械减薄后的残余应力，消除晶圆翘曲，提高机械强度[7]。

4. 化学机械抛光技术

从上面的描述可知，化学机械抛光是芯片制造和封装中必不可少的一道工序。

简单而言，化学机械抛光工艺就是在被抛光工件和研磨垫之间覆上抛光浆料，并施加一定的压力，使被抛光工件和研磨垫做相对运动，借助于纳米粒子的研磨作用与氧化剂的腐蚀作用之间的有机结合，在被研磨的工件表面形成光洁表面。化学机械抛光是目前几乎唯一的可以提供全局平面化的技术，它能够将整个晶片上的高低起伏全部磨成理想的厚度。这也是目前许多半导体厂在制造过程中大量采用化学机械抛光的主要原因。

化学机械抛光的研磨设备由研磨液的引入和循环组件、研磨过程的监控组件、研磨运动组件以及浆料等研磨耗材组成。其中最重要的是浆料和研磨垫。浆料通常是将一些微小的氧化物粉末(粒径约在 50nm)分散在水溶液中制成。研磨垫大多是使用发泡式的多孔聚亚安酯制成。在化学机械抛光过程中，先让浆料填充在研磨垫的空隙中，让晶圆在高速旋转下和研磨垫与研磨液中的粉粒作用，同时控制下压的压力等其他参数。抛光磨料的种类、物理化学性质、粒径大小、颗粒分散度及稳定性等均与抛光效果紧密相关。此外，抛光垫的属性(如材料、平整度等)也极大地影响了化学机械抛光的效果。在完成研磨后，还需经清洗设备对晶圆进行清洗并甩干。

5. 超薄晶圆临时键合技术

在硅片被减薄到 100μm 以下后，除了对减薄自身的挑战外，后续工艺的硅片传递、搬送也遇到了很大的问题。硅片在这样的厚度下，即使通过应力消减减少了翘曲，但仍然表现出形态柔软、刚性差、实质脆弱的物理特性。这样的特性给硅片的搬送以及后续的其他工艺(如硅通孔、填空、微凸点工艺等)的进行带来了很大的麻烦，极易发生碎片，导致成品率低下。

当前，主流的解决方案是超薄晶圆临时键合法，一般是采用高分子胶将器件硅片和载体硅片临时黏结起来，在减薄、硅通孔等工艺中通过载体硅片对器件硅片提供保护。在相关工艺完成后，再将器件硅片和载体硅片解除键合，并通过专用清洗液去除高分子胶。解除键合的方式主要有两种，一种是通过加热使高分子胶改变黏度，然后通过滑移的方式进行解键合。另一种解键合方式是通过激光、微波辐射高分子胶层，使其降解变性，从而改变其黏度，解除键合。

6.2.2　硅通孔技术

典型的硅通孔工艺包括通孔形成、绝缘层沉积、金属填充、硅通孔铜暴露等。

1. 通孔形成

目前，通孔刻蚀有深反应离子刻蚀(deep reactive ion etching，DRIE)和激光刻蚀两种工艺。深反应离子刻蚀是一种电感耦合等离子-反应离子刻蚀(ICP-RIE)技术，通过电感耦合增加反应离子的能量和浓度，使用 SF_6 气体为反应气体实现硅的快速刻蚀。深反应离子刻蚀技术必须借助厚膜光刻技术，在晶圆表面预先形成通孔图形，利用晶圆材质与掩模材料的不同刻蚀速率(刻蚀比＞50:1)，形成垂直通孔。在刻蚀硅通孔过程中，周期性地通入 C_4F_8 作为保护气体在已经形成的侧壁上形成保护层，以防止反应气体对侧壁的深入刻蚀，从而形成陡直的侧壁，并在侧壁上留下扇贝状起伏。这种在反应过程中周期性通入保护气体的工艺称为 Bosch 工艺。深反应离子刻蚀技术新生的硅通孔具有以下特点：①通孔直径小于10μm，深宽比大于 10；②通孔侧壁呈垂直或较小锥度，利于深孔金属填充；③通孔侧壁要足够光滑，扇贝尺寸≤100nm，确保获得连续的金属膜层；④通孔侧壁无热损伤区，提高通孔可靠性。深反应离子刻蚀技术是当前的主流技术。

激光刻蚀技术是利用激光的局部超高温度使材料汽化而形成通孔。激光刻蚀技术无需掩模材料，一次性穿透芯片表面绝缘层、金属层和硅基体，形成硅通孔，可以得到直径小于 5μm 的硅通孔。激光刻蚀技术可形成侧壁倾斜的通孔，有利于孔的金属填充。激光刻蚀技术的缺点是：硅熔化后快速凝固，易在通孔表面形成局部球形导致内壁粗糙；通孔内壁的热损伤较大，影响填充后通孔的可靠性。

2. 绝缘层沉积

金属与硅衬底之间需要沉积一层绝缘层以确保电互连的稳定性。如果该工艺之前没有金属层，那么热氧化工艺可以在侧壁形成一层致密的 SiO_2，其工艺温度在 700～1150℃，具有良好的侧壁覆盖性能。Si_3N_4 也可以作为金属与硅衬底之间的绝缘层，其沉积工艺可以使用 1100℃的低压力化学气相沉积(low pressure chemical vapor deposition，LPCVD)工艺实现。在某些工艺中也有沉积绝缘层之前已经完成一些金属化或者与高温工艺不兼容的工艺，这种情况下也可以考虑工艺温度在 200～400℃的等离子体增强化学气相沉积(plasma enhanced chemical vapor deposition，PECVD)工艺制作硅通孔的绝缘层。

3. 金属填充

电镀铜工艺是金属填充孔的主流工艺，整个工艺过程包括淀积黏附阻挡层、种子层、电镀填孔。黏附层可以较好地黏附种子层，阻挡层防止铜向二氧化硅中扩散，Ti、Cr、Ni 等金属薄膜常被用于完成这一功能。沉积黏附阻挡层、种子层及电镀都对工艺有着较为苛刻的要求。常用的物理气相沉积工艺如磁控溅射薄膜覆盖深宽比一般为 2～4，不能完全覆盖侧壁。使用离子化金属等离子体(ionized metal plasma,

IMP）溅射可以获得较好的薄膜覆盖结果。不完整种子层沉积以及不恰当的电镀工艺都将导致空隙出现。

自下而上密封凸点电镀工艺是另一种电镀铜方法，优点是能够有效避免通孔填充过程中产生空隙。自下而上填充法适合后通孔工艺，通常需要在底部的铜种子层采用临时键合或粘贴技术来完成填充过程。如果通孔的直径为 D，在侧壁种子层电镀的厚度超过 $D/2$，整个电镀工艺就能够填满通孔。

4. 硅通孔铜暴露

铜材料和硅衬底之间热膨胀系数不匹配，会带来硅通孔挤压或硅通孔凸点问题。铜的热膨胀系数为 $16.6\times10^{-6}/℃$，远大于硅、砷化镓等材料的热膨胀系数（硅为 $2.6\times10^{-6}/℃$），引起电介质层开裂和分层等可靠性问题。为提高可靠性，硅通孔直径越小越好，应小于 10μm，这也是深反应离子刻蚀成为硅通孔制作主流技术的原因之一。

铜的凸出现象有两种可能的机制，第一种机制是在退火过程中垂直扩展的铜材料塑性变形。通过对一系列不同条件下退火工艺的实验研究发现，铜从退火温度 350 ℃开始凸起。第二种机制是由硅通孔中应力分布不均匀引起的扩散蠕变。因此，通过对电镀工艺之后的硅通孔进行适当的预退火处理来减小硅应力是很有必要的。一般用化学机械抛光可以去除多余的铜。

6.2.3　微凸点键合技术

键合技术也是三维集成和封装的关键技术，硅通孔为三维集成提供了信号通路，而键合可以为三维集成提供信号的交互连接。下面介绍几种常用的微凸点键合方法[8,9]。

（1）直接键合。直接键合为利用极其平整和干净的晶圆表面直接接触时所产生的自发吸附而完成的键合[10]。

（2）表面活化键合。表面活化键合是指通过高能离子束或原子束对晶圆表面进行刻蚀，以移除表面的氧化层、分子吸附等污染，随后与晶圆表面接触完成键合。经充分活化的晶圆表面原子存在大量的悬挂键，这种强化学键之间的相互作用可以使键合在室温、无施加压力的情况下完成[11]。

（3）黏着键合。黏着键合是指添加必要的黏合剂介质层（如 SU-8（8 个环氧基的环氧树脂）、BCB（苯并环丁烯）、PMMA（聚甲基丙烯酸甲酯））以完成键合。随着键合节距的不断缩小，黏合剂的收缩将会直接影响键合精度，因此黏着键合比较适用于精度要求较低的键合或与其他键合技术混合使用[12]。

（4）共晶键合。依靠两种不同的金属之间形成共晶合金以完成键合。用于共晶键合的金属体系包括 Au-Sn、Au-In、Cu-Sn、Pb-Sn 等，通常其熔点相差较大。其中，Pb-Sn 共晶键合比较成熟，但已不能满足电子产品无 Pb 化的要求[13]。

(5)纳米金属键合。通过对金属表面进行纳米修饰(如纳米颗粒、纳米棒、纳米孔、纳米锥)，利用纳米材料的小尺寸效应而达到键合的目的[14]。

(6)超声键合。依靠超声效应(超声生热、位错、变形等)而完成的键合[15]。

(7)激光辅助键合。利用激光与物质作用的热效应完成键合[16]。

常用微凸点键合方法的总结如表 6.2 所示[9]。通过比较，共晶键合兼具键合(或退火)温度低、键合压强小、工艺实现简单、工艺兼容性高(无须超高的真空和极低的表面粗糙度)等特点，更加适用于完成三维互连。尽管 Pb-Sn 共晶键合在材料成本、工艺温度、力学性能、可靠性等诸多方面具有较大优势，但其已逐步被环保型无 Pb 且材料成本略高的 Cu-Sn 共晶键合所替代。虽然可用 Au、Ag、In 等贵金属置换 Cu 或 Sn 以完成 Au-Sn、Ag-Sn、Au-In 等各种体系的二元金属共晶键合，但超高的材料成本限制了这些键合技术的广泛应用。

表 6.2　常用微凸点键合技术的比较[9]

键合类型	键合材料	键合温度	特殊要求
直接键合	Si-Si、SiO_2-SiO_2、Cu-Cu 等	室温	较低的粗糙度、较高的退火温度(>300℃)
表面活化键合	Si-Si、Au-Au、Cu-Cu 等	室温	极低的表面粗糙度、超高的压强及苛刻的真空环境(约 10^{-6}Pa)
黏着键合	SU-8、BCB 等	室温～350℃	半导体工艺兼容的黏合剂、低键合精度和强度
共晶键合	Au-Sn、Au-In、Cu-Sn、Pb-Sn 等	120～400℃	形成共晶合金的金属
纳米金属键合	Au、Ag、Cu、Ni 等纳米结构	150～400℃	纳米结构的制备
超声键合	Cu-Sn 等	室温	较大的瞬间热释放
激光辅助键合	Sn 基焊料、聚合物等	室温	局部小面积键合

6.3　MEMS 封装

6.3.1　MEMS 封装的特殊性

目前，尽管已对 MEMS 器件的制备工艺和设备进行了很多研究，但仍有很多 MEMS 传感器未获得很好的商业化应用，原因之一便是 MEMS 器件的封装没有很好解决。MEMS 封装技术虽然是在微电子封装技术的基础上发展而来的，与微电子封装技术具有相似之处，但是 MEMS 器件有微机械结构，以及对应力隔离、真空、气密性等方面的要求。大部分 MEMS 器件是在完成所有的制造工艺后才将机械结构暴露在外面的，因此在 MEMS 封装中首先要做到物理保护。MEMS 器件的性能会在水蒸气、摩擦力、腐蚀等因素的影响下恶化，因此需要做一些微型保护和密封，例如，微机械开关在湿度影响下性能变差甚至失效。从长期可靠使用的角度而言，MEMS 封装要求具有较好的密封性，密封的空气或者真空状态可以使得 MEMS 器件内部减小摩擦、振动、腐蚀等，尤其是对于植入式医疗应用的 MEMS，密封是一个必要条件。

MEMS 封装技术具有自身的特殊性和复杂性，一般有如下要求：

(1) 低应力。MEMS 器件尺寸小、精度高、结构脆弱，要求封装对器件作用的应力尽量达到最小。

(2) 高真空。MEMS 器件中可动结构置于真空中可减小摩擦力，增强器件可靠性、延长器件寿命。

(3) 高气密性。一些 MEMS 器件如微陀螺仪，在低气密性条件下不能持久、可靠地工作。

(4) 高隔离度。为防止其他信号对器件的扰乱，要对 MEMS 器件的某些特定部位封装以达到隔离的目的。

(5) 其他方面。有些 MEMS 传感器(如光学传感、微流体传感、化学传感等)需要设计一个与外界环境交互的接口。

鉴于 MEMS 封装自身的特殊性和复杂性，其封装占 MEMS 的成本可从 50% 直到 95%，而微电子封装中的封装成本比重相对低一些。一方面，MEMS 产品的高度多样化使得不同产品的可靠封装要求有着根本性的不同。例如，对压力传感器封装的要求与常用于汽车安全气囊系统的惯性传感器的封装要求就有较大不同，这一器件要求能够在灰尘、温度剧烈变化和有腐蚀性介质的苛刻条件下，以及在汽车行驶状态下的强力振动中能正常工作。这些因系统使用环境而定的封装要求使得生产厂家必须为每一个新产品重新改组所有用于封装的设备。因此，对于每一个新的 MEMS 产品，常常需要巨大的资金投入和新方法以及新工艺设备的研发投入。另一方面，MEMS 产品中结构元件的微小尺寸给封装带来了很多特殊问题。许多封装工序中的工艺工程实质上是物理-化学过程，这些工艺过程常常导致不同的附加效应，如键合过程中和键合结束后自然会产生热应力和应变，较大的残余热应力会在键合表面造成裂痕，过大的残余应变可能会因为膨胀系数的不同导致键合表面变形凸起，这就带来很多关于可靠性测试有关的问题，这些都会增加 MEMS 产品的封装成本。

6.3.2　晶圆级 MEMS 封装

MEMS 封装可分为芯片级封装和晶圆级封装两类，芯片级封装是借鉴现有的集成电路封装工艺和设备，将 MEMS 器件在晶圆划片成独立的裸片后进行结构释放、密封的一种方法。图 6.9 是一个德州仪器公司的数字微镜器件(digital micromirror device，DMD)的结构图。DMD 黏合在封装上并与陶瓷通过键合引线连接，密封光学窗口与陶瓷通过密封圈密封在一起。由于陶瓷的热膨胀系数在 5×10^{-6}～9×10^{-6}/℃之间，与硅的热膨胀系数接近(约 2.6×10^{-6}/℃)，因此可以将陶瓷与硅键合在一起。相同或相近的热膨胀系数可以减轻由热膨胀引起的压力或应力，在器件面积较大时，这些压力不可忽略。

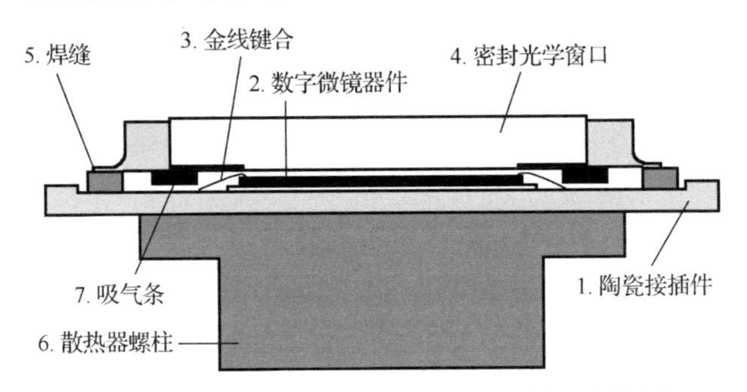

图 6.9　德州仪器公司的数字微镜器件的结构图

芯片级封装的主要缺点是，在完全封装好 MEMS 器件之前对每个裸片单独进行结构释放、密封等进行的操作成本高、效率低。一种替代的方法是进行晶圆级封装，也就是说在划片之前，进行结构释放、密封等操作，然后进行划片。

三维晶圆级封装无疑是未来 MEMS 封装的发展方向，当前先进的 MEMS 晶圆级封装通常需要三个晶圆，分别是 MEMS 器件晶圆、接口 ASIC 晶圆和帽晶圆(cap-wafer)。下面介绍几种当前以低成本、高性能、少引脚为目标的三维 MEMS 封装的设计和工艺流程[17]。这三种晶圆各自的封装也有不同的形式，如 MEMS 器件晶圆采用引线键合、倒装、硅通孔等不同封装形式，ASIC 和帽晶圆采用硅通孔或无硅通孔的封装。

图 6.10 给出了几种晶圆级 MEMS 封装的形式。其中，图 6.10(a)～(c)都将帽芯片与 ASIC 芯片用密封圈黏合在一起，信号线从密封圈下方穿过后再通过键合引线与此封装外其他器件、系统的衬底相连，如直接连到系统级封装内的其他芯片衬底或者连到印刷电路板上。图 6.10(a)～(c)之间的区别在于 MEMS 器件和 ASIC 芯片之间的连接方式：图 6.10(a)中它们通过引线键合在一起，图 6.10(b)中它们通过硅通孔和微凸点键合在一起，图 6.10(c)中它们通过倒装方式键合在一起。

图 6.10(d)与图 6.10(a)～(c)最大的不同是 ASIC 芯片通过硅通孔和凸点与衬底或印刷电路板等相连，引线没有通过密封圈下方走线。在这种连接方式下，

MEMS 器件和 ASIC 芯片之间的键合可以和图 6.10(a)～(c)中的键合方式一样。

图 6.10(e)给出了另一种封装形式，ASIC 芯片利用了穿过帽芯片的硅通孔和凸点键合与外界进行连接，需要与封装的衬底或印刷电路板相连时，将整个封装倒过来。在这种连接方式下，MEMS 器件和 ASIC 芯片之间的键合同样可以和图 6.10(a)～(c)中的键合方式一样。

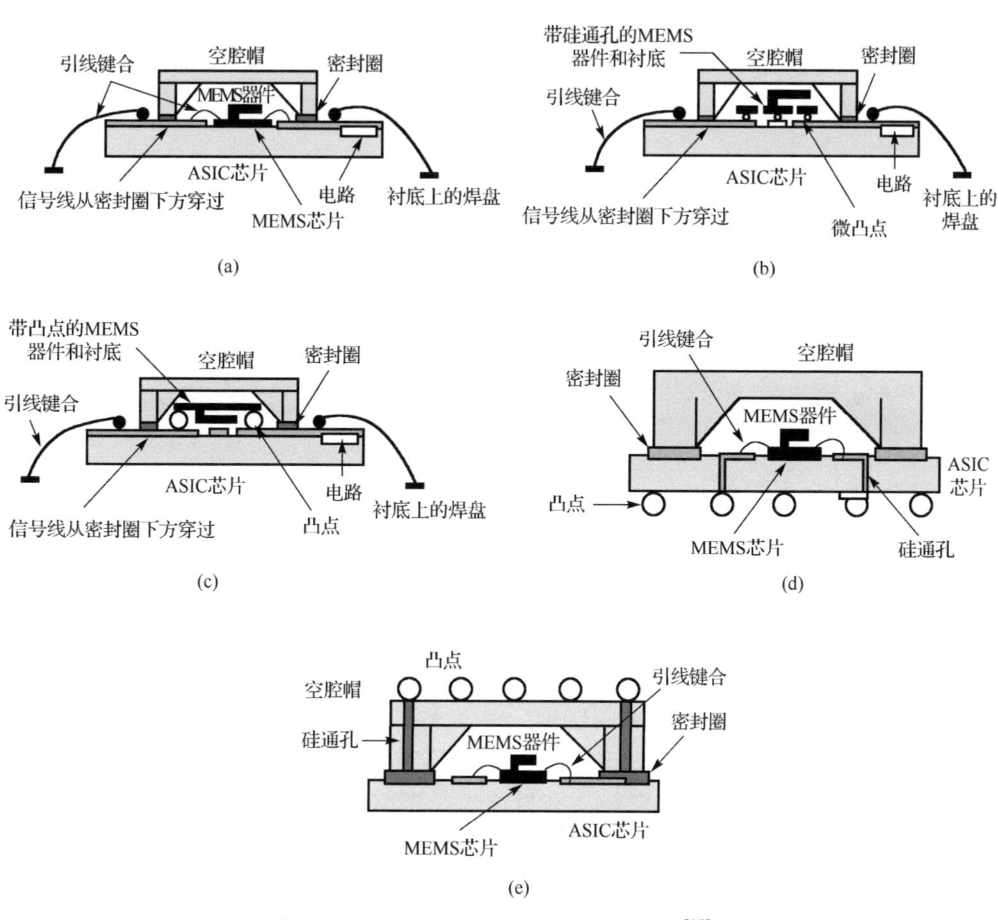

图 6.10　几种晶圆级 MEMS 封装形式[17]

MEMS 晶圆级封装的简化步骤可以用图 6.11 描述，对应图 6.10(a)～(c)。MEMS 器件若与 ASIC 芯片之间直接通过引线键合，则 MEMS 器件在 MEMS 晶圆释放后可以将划片转移到 ASIC 芯片晶圆上。若 MEMS 器件与 ASIC 芯片通过硅通孔或倒装方式键合，则需再完成通孔或微凸点的成型后转移到 ASIC 芯片晶圆上。此后，MEMS 器件与 ASIC 晶圆进行芯片到晶圆(chip to wafer，C2W)的键合，再将键合了 MEMS 器件的 ASIC 芯片晶圆与帽晶圆进行键合、密封，最后进行划片，形成单个封装器件。图 6.10(d)和(e)的封装实现步骤与图 6.11 类似，可以参考文献[17]的详细描述。

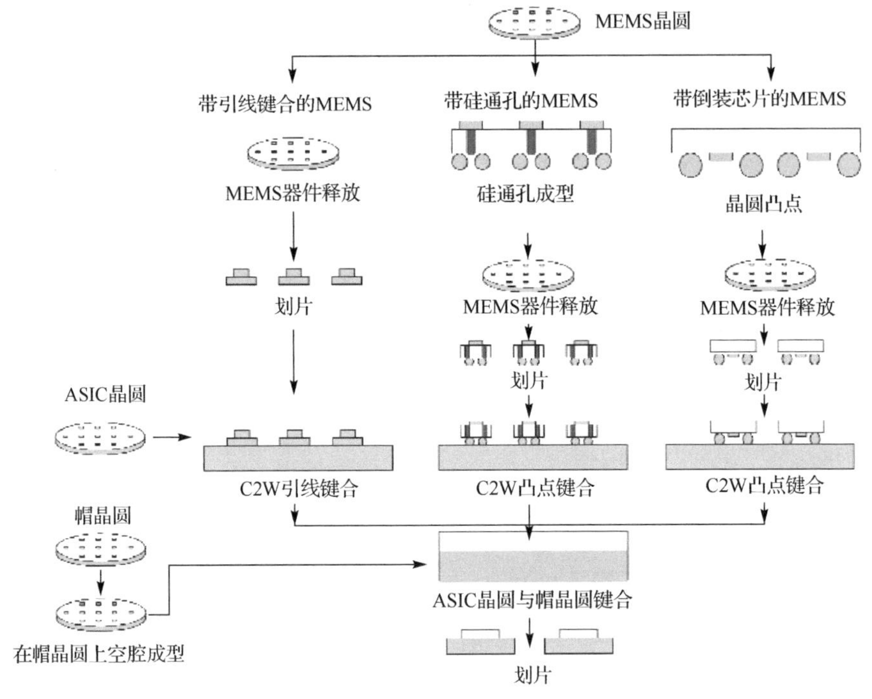

图 6.11　实现图 6.10(a)～(c)中封装形式的简化工艺流程示意图[17]

从上面的例子可以看到，MEMS 晶圆级封装与普通微电子三维封装最大的不同在于盖帽(cap)，盖帽除了起到保护、隔离或者被检测量的窗口作用外，其本身也可以作为连线的通道，如图 6.10(e)所示。盖帽的封装可以利用各种键合技术，也可以利用薄膜密封技术和聚合物密封技术。当前应用最为广泛的仍是键合技术(可以参考表 6.2)。

参考文献

[1] Hisamoto D, Lee W C, Kedzierski J, et al. FinFET: A self-aligned double-gate MOSFET scalable to 20nm[J]. IEEE Transactions on Electron Devices, 2000, 47(12): 2320-2325.

[2] ITRS. The Next Step in Assembly and Packaging: System Level Integration in the Package (SiP)[Z]. SiP White Paper V9.0, 2009.

[3] 胡杨, 蔡坚, 曹立强, 等. 系统级封装（SiP）技术研究现状与发展趋势[J]. 电子工业专用设备, 2012, 41(11): 1-6.

[4] Tummala R, Swaminathan M. Introduction to System on Package (SOP)[M]. New York: McGraw-Hill, 2006.

[5] 费玖海，杨师，周志奇. 集成电路工艺中减薄与抛光设备的现状及发展[J]. 电子工业专用设备, 2014, 43(2): 6-10.

[6] 李操. 3D 封装工艺及可靠性研究[D]. 武汉：华中科技大学, 2015.

[7] Ghodssi R, Lin P. MEMS Materials and Processes Handbook[M]. Berlin: Springer, 2011.

[8] 独莉，宿磊，陈鹏飞，等. 应用于3D集成的高密度Cu/Sn微凸点键合技术[J]. 半导体光电, 2015, 36(3): 403-406.

[9] 王俊强. 应用于 3D 集成的 Cu-Sn 固态扩散键合技术研究[D]. 大连：大连理工大学, 2016.

[10] Enquist P, Fountain G, Petteway C, et al. Low cost of ownership scalable copper direct bond interconnect 3D IC technology for three dimensional integrated circuit applications[C]. IEEE International Conference on 3D System Integration, 2009: 1-6.

[11] Yamamoto S, Higurashi E, Suga T, et al. Low-temperature hermetic packaging for microsystems using Au-Au surface-activated bonding at atmospheric pressure[J]. Journal of Micromechanics and Microengineering, 2012, 22(5): 055026.

[12] Kim S C, Hong M H, Lee J H, et al. Development of highly reliable flip-chip bonding technology using non-conductive adhesives (NCAs) for 20μm pitch application[C]. The 63rd IEEE Electronic Components and Technology Conference, 2013: 785-789.

[13] Grummel B J, Mustain H A, Shen Z J, et al. Reliability characterization of Au-In transient liquid phase bonding through electrical resistivity measurement[J]. IEEE Transactions on Components, Packaging and Manufacturing Technology, 2015, 5(12): 1726-1733.

[14] Liu Z, Cai J, Wang Q, et al. Low temperature Cu-Cu bonding using Ag nanostructure for 3D integration[J]. ECS Solid State Letters, 2015, 4(10): 75-76.

[15] Li M, Li Z, Xiao Y, et al. Rapid formation of Cu/Cu3 Sn/Cu joints using ultrasonic bonding process at ambient temperature[J]. Applied Physics Letters, 2013, 102(9): 094104.

[16] Jung Y, Ryu D, Gim M, et al. Development of next generation flip chip interconnection technology using homogenized laser-assisted bonding[C]. The 66th IEEE Electronic Components and Technology Conference (ECTC), 2016: 88-94.

[17] Lau J H, Lee C K, Premachandran C S, et al. Advanced MEMS Packaging[M]. New York: McGraw-Hill, 2010.